饶培伦 李紫阳 纪翔 编著

设计中的人因

34 个设计小故事

U0209131

清华大学
出版社
北京

内 容 简 介

本书收录了34个人因科学小故事，旨在通过简单化、生活化的解读，带领大家走进设计中的人因。

科技已经渗透到我们生活方方面面，而人因多种多样，人与科技如何互相影响？科技又如何为人类和谐和幸福服务？本书从生活中的人因、即将来临的老年社会、产品设计与评估、人工智能与机器人四个角度全面解读科技发展和人因对人们生活的影响。本书旨在帮助读者从科学的角度理解人类的差异化需求和特征，以及科技发展给产品设计带来的机遇和挑战。

图书在版编目（CIP）数据

设计中的人因：34个设计小故事/饶培伦，李紫阳，纪翔编著. —北京：清华大学出版社，2019
ISBN 978-7-302-51388-9

Ⅰ.①设…　Ⅱ.①饶…　②李…　③纪…　Ⅲ.①人-机系统－系统设计－研究
Ⅳ.①TP11

中国版本图书馆 CIP 数据核字（2018）第 233856 号

责任编辑：梁　颖　李　晔
封面设计：常雪影
责任校对：时翠兰
责任印制：李红英

出版发行：清华大学出版社
　　　　网　　　址：http：//www. tup. com. cn，http：//www. wqbook. com
　　　　地　　　址：北京清华大学学研大厦 A 座　邮　　编：100084
　　　　社 总 机：010-62770175　　　　　　　　邮　　购：010-62786544
　　　　投稿与读者服务：010-62776969，c-service@tup. tsinghua. edu. cn
　　　　质量反馈：010-62772015，zhiliang@tup. tsinghua. edu. cn
　　　　课件下载：http：//www. tup. com. cn，010-62795954
印 装 者：三河市龙大印装有限公司
经　　销：全国新华书店
开　　本：170mm×240mm　　印　张：9　　　字　　数：97 千字
版　　次：2019 年 7 月第 1 版　　　　　　印　　次：2019 年 7 月第 1 次印刷
定　　价：59.00 元

产品编号：075061-01

近年以人为中心设计（Human-Centered Design）的概念和实践在国内飞速成长，一方面得益于经济和科技的发展，另一方面源自人们对美好生活的追求与渴望。相对于以用户为中心（User-Centered），尽管方法共通，但二者之间最大的不同是动机，以人为中心更强调考虑所有人的福祉，而不只是满足人群中目标用户群体的某些需要。比如有的互联网游戏或服务的确成功吸引到了众多用户，却也让自制能力弱的未成年人沉迷其中，这样的例子不胜枚举，而且仍是现在进行时与未来时。因科研工作之故，我们对于在众多实验室中发展的新技术，还有大小创新创业团队如火如荼开发的产品与服务略有所知，这让我们对未来充满期待却也难免忧心忡忡。这并不代表我们应该从负面角度看待，科技带来的改变既是挑战也是机会，是以人为中心的概念和实践的挑战与机会。

以人为中心设计需要考虑所有人的因素和需求，即人因（Human Factors）学。人因学是一个多学科交叉的领域，与工程、设计、社会和人文等都紧密相关。科技和经济的进步让人们对美好生活的需要日益增长，人们不仅要将合适的人引入已有的机器和系统，更多的是开始关注如何通过以人为中心的设计来开发产品和系统以提升效率和幸福感。以人为中心设计的实践无处不在，从一把椅子的更舒适和更科学的设计，到车辆的安全性和智能性的升级，再到城市交通网络的科学性和人性化的布局。以人为中心设计已经成为设计中的基本准则，即以人为本，造福于人，并指导更多产品进入我们的生活。

本书希望通过 34 个有趣的故事带领读者了解以人为中心设计的概念。书中的故事大都是近年开展的设计和人因学相关研究，我们对这些研究进行了重新整理和组织。对用户来说，从科学的角度了解自己并选择适合自己心理和生理特质的产品是生活中的必修课；对设计者来说，在设计中考虑和权衡用户的特质和需求则是设计的基础课。没有最好的设计，只有最适合的设计，希望你也能从 34 个有趣的小故事中体会以人为中心设计的意义和乐趣。

编者

2019 年 3 月

目录

专题三　**产品设计与评估**　　59

专题四　**人工智能与机器人**　　95

专题一／生活中的人因

人的因素影响着人们生活的方方面面,人的四肢影响人们的运动方式;人的感觉器官会影响人们对事物的反应;人的心理因素会影响人们对事物的认知。处于不同地区和文化下的人又会有不同的态度和偏好。本专题通过一系列的研究带大家认识生活中的人因。气味是重要的嗅觉感知,当不同文化的人遇到不同的气味时会有怎样的反应?"'嗅'得到的文化差异"给你解答气味中的人因。警示标签是生活中常见的视觉信号,也是重要的危险预警标志,当中国人和美国人看到同样的标签时真的会有同样的危险认知吗?"你看见的预警,真的代表危险吗?"带你看看警示标签中的文化差异。体貌体征是异性互相吸引的重要的视觉信息,有人会问找另一半是看脸还是看身材,"在中国,是颜值还是身材对异性更有吸引力呢?"给你答案。健身日益成为时尚潮流,人们通过健身强健体魄,同时放松心情,"'智能手环'和'发朋友圈',哪个是女性健身的好伙伴?"通过不同的方式比较如何通过辅助进一步提高健身带来的幸福感。随着智能设备的兴起和快速发展,多任务交互成为现代人一个重要的标签,电视、计算机、手机同时使用已经不是新鲜事,"今天,你'多任务交互'了吗?""智能设备多任务交互:你中毒有多深?""在多任务的时代,你还能保持专注吗?"带你了解多任务带给人们生活的影响。网上购物已经不是新鲜事,智能零售概念下的线上线下相结合的购物模式已经成为未来零售的新方向,"线上线下的结合?AR眼镜在服装零售中的应用"带你看看增强现实技术对未来零售的帮助。计算技术的飞速发展丰富了人们的计算能力和水平,珠算作为中国古代重要的算数工具,直至今天也有重要的参考和借鉴意义,特别是珠心算对青少年智力开发有很大帮助,"中国珠算运算的认知过程"帮你理解珠算中的认知因素。

生活中人因多种多样,如认知、心理、文化等。这些因素往往会影响人们对事物的选择和感知,进而影响人们对生活中设备的选择和使用。正确了解和认识差异,并且充分考虑这些因素对设计带来的机遇和挑战是设计中的重要原则。

"嗅"得到的文化差异

中国用香历史悠久,香草、香包、香囊、熏香,每个人都不陌生。中国文化传到韩国,韩国也发展出了自己的制香文化。近几年来,药妆盛行,"中草药天然配方"也跟着火了起来。人们选购护肤产品,气味是一个很重要的因素。闻到中草药的气味,会激发怎样的情绪? 不同文化背景的人闻到同一种气味,感受会相同吗?

2016 年,发表于《国际情感工程学杂志》(*International Journal of Affective Engineering*)的一项研究进行了气味和文化的实验,研究团队挑选了 10 种气味,包括一些传统中草药、花果香和中国的香水产品(桂花、樟脑、麝香、檀香、金盏花、覆盆子、竹子、绿茶、牛黄花、花露水),分别邀请了来自中国和韩国的女性各 50 位,请所有参与者闻这 10 种气味,然后在一个写满了各种情绪描述词语(如高兴的、生机勃勃的、精力充沛的、浪漫的、忧郁的、愤怒的)的量表上打分。首先,无论是中国还是韩国的女性,都十分喜爱花果的味道。在 10 种气味中,最受大家欢迎的是桂花(味香,可制作糕点和酿酒)和覆盆子(果实味道酸甜,用来制作甜点和酿酒);大家都讨厌的气味是樟脑(具有毒性,制成的樟脑丸可以驱虫、除臭)和麝香(中国传统名香,制造香水的原料之一)。

把中国女性和韩国女性的打分进行对比,发现有一个显著的文化差异,在所有的正向情绪维度上,中国女性都给出了比韩国女性更高的打分。其实,有很多研究都表明,人们会倾向于对自己比较熟悉的,或是在本文化下具有积极象征意义的气味更有好感。例如,对于南亚地区食物中繁杂的香料,当地人觉得令人垂涎,欧美人闻起来却可能有些怪异。

本次实验中研究者选取的是中国文化下的10种传统气味,因此中国女性对它们更加熟悉和喜爱;又由于长久以来受中医文化的影响,对于即便不那么令人愉快的气味(如樟脑和麝香),中国女性也比韩国女性要宽容许多。中草药的气味比较特殊,中国人和韩国人对它们的感知存在差异,更不用说那些对中草药相对陌生的欧美人了。因此,药妆产品在气味设计方面应该认真考虑消费者的文化背景,甚至可以有针对性地在不同国家推出符合当地文化的型号和款式。不同的香味会引发人们不同的情绪,而且由同一种香味引发的情绪是有文化差异的。所以,在香味的产品设计中(如洗发露、沐浴露等),一定要考虑用户的特点和文化背景,仔细选择合适的型号和款式。

你看见的预警，真的代表危险吗？

　　生活中经常看见许多危险警示的标签，这些标签有不同颜色、文字、符号，不同国家生产的危险警示标签有不一样的内容，但这些标签真的能让不同文化背景的人理解相同的风险吗？已有研究发现，东西方文化对危害的感知程度是不同的，那么对危险预警标签又有着怎样不同的理解？

　　2016 年发表在《应用人体工程学》（*Applied Ergonomics*）上的研究对于中国人和美国人对危险预警标签的感知进行了探讨，主要研究五项因素：危险感、伤害严重性、伤害可能性、可控程度、熟悉程度。研究团队从美国国家电子伤害监视清单随机挑选 50 个产品/活动，如酒精饮料、电池充电器、自行车、泡泡浴、绳子、剪刀、钓鱼等，随机展示并针对不同产品在危险程度、伤害严重性、伤害可能性、可控程度、熟悉度五个维度做问卷评定。此外，研究团队筛选了 12 个警示标签，由不同颜色（红、黄、橙、绿、蓝、黑）、文字（"小心""CAUTION"等）、符号（三角感叹号、骷髅头）组成。然后是产品/活动配对标签任务，实验参与者需要从 12 个标签中选择最能传达给定产品/活动相关危险水平的标签，50 个产品/活动会随机出现。

　　实验结果发现，不同文化背景的人对标签的危险感知有明显差异，美国人平均危险感知高于中国人;美国人认为文字的警告比较危险,中国人则认为骷髅头比较危险。这个结果表明,为了传达类似的危险等级,需要为中国用户采取"更强"的警告标签,也就是说中国人比美国人"胆子大些"。相比于美国人,中国人觉得酒精饮料、自行车、灭火、干草加工机、冰上曲棍球、清洁剂、油漆、滑雪这8个产品/活动都不危险,而是觉得链锯、游泳、垃圾压缩机更加危险。

中国人对于大部分产品给了中等水平的标签,对钓鱼、干草加工机、割草机、劈木机、农药、订书针六个对象配上较高危险水平的标签,对抗生素配上较低水平的标签。美国人只对灭火、丢雪球、冰上曲棍球、手术四个产品给了中等危险水平的标签,对其他60%的产品都配上了较高危险水平的标签。

中国人和美国人对产品可能造成的伤害和产品危险的可控性的认知有很大差异。中国人倾向于认为高可控的产品有很强的危险性,美国人认为低可控的产品有很强的危险性。美国人认为的危险和造成伤害的概率相关,而中国人则不是。提示美国人最好强调可能造成的伤害以及危险缺乏可控性,提示中国人最好强调用户对产品的控制性。

总的来说,中国人和美国人对于危险的感知具有文化差异。尽管他们对于产品的伤害严重性感知相似,但对于产品伤害可能性与产品危险的可控程度反应不同。因此在设计警示标签时,必须对个人认知、生长文化与风险感知、情境等有所了解,仅通过简单的语言翻译似乎不太适合不同的文化背景,在试图翻译各种文化中现有的预警系统时应谨慎行事,因为相同的提示可能传达截然不同的信息。

在中国，是颜值还是身材对异性更有吸引力呢？

现在的社会中，吸引力是一个影响社会互动的重要因素。很多时候人们都倾向于与有吸引力的人共事、交往或联系，有吸引力的人也更容易获得雇主的青睐以及他人的支持。那么，对于一个人的整体吸引力，是颜值更重要，还是身材更为重要？之前西方的一些研究显示，在判断整体吸引力时，颜值比身材更直接地影响整体吸引力。

2016 年发表于《心理学》(*Psychology*)的研究通过实验了解，在中国人眼中到底是颜值还是身材更有吸引力。首先，研究团队在网上发布了一个调查问卷。调查内容为：当"短期关系"或"长期关系"挑选伴侣时，颜值与身材，你较为重视哪个？一共收集 653 份答卷，平均年龄为 25.86 岁（其中包括 342 位男性，311 位女性）。结果显示，中国男性优先考虑颜值吸引力胜过身材吸引力；女性在短期关系中优先考虑颜值，但在长期关系中却倾向于身材的吸引力。由于调查问卷的评分依赖个人想象力和经验，研究团队进一步进行了实地实验，通过真实的图像测量对于一个人的整体吸引力。研究团队邀请了 10 位男性和 10 位女性来拍摄图像。男性参与者需要穿上标准的衣服（黑色游泳裤和黑色背心），摘掉手表和其他装饰。女性参与者则被要求把头发绑在一起，并且穿紧身内衣，使身体形状可以更接近真实情况。得到的图像皆为标准化的面部图像和身体图像。面部图像使得大部分头发被覆盖；身体图像则为前身、侧身图像。一共邀请了242位(其中有131位男性和101位女性)18～30岁的年轻参与者。参与者被随机分配到一个"长期关系"或"短期关系"的情况中并且给参与者随机地呈现10组异性模型的图片,图片有两个遮盖物,一个覆盖头部,另一个覆盖身体,参与者只能选择删除其中一个遮盖物,并选择评价。实验结果发现男性选择去除面部遮盖物而不是去除身体遮盖物的概率在"长期关系"中为81%,在"短期关系"中为73%；女性选择去除面部遮盖物而不是去除身体遮盖物的概率在"长期关系"中为71%,在"短期关系"中为61%。实地研究结果与网上问卷研究的结果一致,与男性相比,女性认为身材重要的概率比男性更高。而这个结果表明,女性和男性都认为颜值吸引力是判断异性整体吸引力的主要因素。

颜值吸引力对于整体吸引力有比身材吸引力更强烈的影响。颜值吸引力是中国人判断异性的总体吸引力的主要因素,这个结果与大多数西方研究结果是一致的。先前的西方研究结果显示,在短期关系中,西方男性比女性更在意身材吸引力；而研究团队在中国的研究中发现,中国女性以身材吸引力来选择伴侣的概率高于中国男性。除此之外,研究团队还发现,由于东方与西方对于长期、短期关系有不同的见解,因此对颜值和身材的重视程度也不大一样。在中国,男性和女性都不太认同短期关系,可能因为中国人的观念仍然较保守,大多数中国人认为性等同于婚姻。

总的来说,在西方文化和东方文化中,比起身材吸引力,颜值吸引力都是影响整体吸引力的最主要的因素。有吸引力的面孔可以吸引更多人的注意力。

异性的颜值、身材，你更看重哪项？

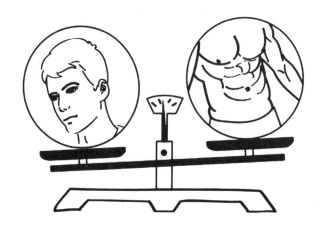

女生视角

男生视角

"智能手环"和"发朋友圈",哪个是女性健身的好伙伴?

　　健身已经逐渐成为年轻群体的时尚潮流。如同美食、旅游、电影一样,健身话题成为年轻女性朋友圈中不可缺少的主题之一。随着智能手环等新鲜科技产品的加入,健身这件事变得越来越酷。那么,是不是真的像我们想的那样,朋友圈状态和智能手环会帮助各位女性提高健身带来的幸福感呢?

　　幸福感是什么?心理学研究告诉我们,反映人们对生活质量所做的情感性评价称为主观幸福感。评价主观幸福感主要通过人们一段时期内的情绪反馈和生活满意度。在 2016 年跨文化设计国际会议(International Conference on Cross-Cultural Design)上,一项研究探索和解释了健身与幸福感的关系。研究团队对 28 位年轻女性进行了一个月的健身跟踪实验,对她们健身主题朋友圈的发布和智能手环的使用进行了严格控制。实验记录了她们每次健身后的主观情绪和实验期间的生活满意度,同时抓取了她们实验中的朋友圈状态记录。实验结果发现,健身主题的朋友圈能够提升年轻女性的正面情绪,如高兴、感激、快乐、自豪、愉快等,让她们变得更加开心,增强并延续健身带来的愉悦感;但是并不能有效地排解负面情绪,如愤怒、嫉妒、悲哀、内疚等。同时,健身主题的朋友圈会让年轻女性提升对生活的满意度,这主要是由于朋友圈状态带来的自我揭露:它帮助人们进行了有效的情感表达,并且通过和朋友们的点赞互动,感受到更多的社会支持(social support)。然而,智能手环对年轻女性的情绪改善没有有效的帮助。技术接受模型(Technology Acceptance Model)指出,一款新产品的普遍流行使用要从感知有用性和感知易用性两方面来衡量,即顾客感到这款产品是有用的、好用的。智能手环所展示的健身数据并不完全是女性健身想看到的,记录的准确性也与专业设备有偏差。另外,手环的功能设计并不像智能手机那样成熟。这些导致智能手环在健身领域的普及遇到了瓶颈。

通过实验获得的朋友圈健身主题状态,研究团队发现了另一件有趣的事情——从健身后的朋友圈状态可判断年轻女性健身后的心情状态。想必大家都能猜到,正面的情感词汇像"开心""幸福""棒"都代表相对应的正面情绪,负面的情感词汇像"倒霉""讨厌"等代表对应的负面情绪。但有意思的是,正面情绪的表情符号在一定程度上预示了焦虑情绪。发状态的朋友们都表示,有时候会通过反向的表情来抒发一些不愿说出口的烦闷。想一想,自己身边的人是不是也是这样呢?

插图作者：王静

今天，你"多任务交互"了吗？

与多个智能设备同时进行交互是普适计算时代十分常见的现象。调研数据显示，高达 79% 的人会一边看电视一边刷社交网站。8～18 岁的美国青少年在使用多媒体设备时，29% 的时间会同时使用两种甚至两种以上多媒体设备。多任务交互不仅在娱乐活动中比较普遍，在工作环境中也十分常见。

尽管多任务交互在一定程度上能够满足多任务工作者的需求，但是有证据显示，多任务交互具有负面作用。多任务切换必然会导致人们注意力的转移，而高频的任务切换会影响人们的动机、能力以及处理主任务内容的机会。由于人们的注意力资源有限，过度的多任务交互会引发人们的紧张情绪，甚至降低人们的任务绩效。

为了了解多任务交互对人们的潜在危害、人们注意力的分散过程和负面体验的产生过程，在 2016 年跨文化设计国际会议上，一个研究团队开发了一种测量多任务交互过程中负面体验的问卷工具，这一工具为了解人们在多任务情境下的行为与感受提供了一些启示；同时也可以指导智能设备的信息架构设计，使之更适宜多任务交互。问卷由两部分组成。第一部分首先对多任务交互进行了基本描述，接着给出了三个多任务交互的具体情境,并且强调生活中多任务交互所涉及的智能设备的数量和类型并不局限于所给的三个情境。第二部分包含 32 个问题,其中 16 个问题针对脱离(disengagement),另外 16 个问题针对混乱(chaos)。根据数据结果,研究团队建立了一个五因子模型来测量多任务交互过程中的负面体验,这五个影响因子分别是困惑、心流体验(flow experience)、复杂性与迷失方向、时间扭曲、情境感知。

(1) 困惑描述了人们在进行多任务交互过程中的空虚与动荡的感觉。由于多任务的相互干扰与注意力的分散,人们往往缺乏一个明确的目标,以及对应的策略。

(2) 心流体验描述了人们在其参与的多个任务中表现出的兴趣、快乐与好奇程度。

(3) 复杂性与迷失方向描述了多任务的复杂程度,以及人们在多个设备的不同导航系统间切换所造成的迷失方向。多任务交互时,用户不仅需要应对导航任务内的一个设备,而且需要管理多个设备之间的协调合作,频繁的切换容易让用户迷失方向,忘记自己在当前设备中所处的位置与状态。

(4) 时间扭曲描述了人们在多任务交互过程中忘记了时间的现象,它通常伴随着心流体验,常见于游戏玩家身上。

(5) 情境感知是指人们对多任务环境中所发生的事情的感知、理解和控制。

这些问题你都有吗?

智能设备多任务交互：你中毒有多深?

随着智能设备的普及,社交媒体越发流行且日益影响着人们的生活。你很可能有这样的习惯:在工作、学习时,总会不定时地回复微信、短信,整理邮件……这就是陷入了一种"多任务"的模式。

"多任务"是指一个人在一段时间内同时进行多项活动。与智能设备的多任务交互就是现如今比较普遍的多任务现象。研究表明,多任务转换必不可少地会带来注意力的转移,而高频的任务转换会影响人的工作表现,造成消极的情绪,引发高度的精神紧张。因此,正确界定是否过度沉迷于与智能设备的多任务交互具有十分重要的现实意义。

巴尔迪等科学家在 2010 年指出,沉迷于智能设备的多任务交互与其他上瘾行为类似,但具有其特殊性。另有一种学说称,沉迷于多任务交互是因为有一种认为多任务处理更有利的倾向,上瘾只是沉迷于多任务交互的一个衡量标准。究竟哪些因素可以用来衡量一个人对与智能设备进行多任务交互的沉迷程度? 2016 年发表于《网络心理学,行为和社交网络》(*Cyberpsychology, Behavior, and Social Networking*)的一个研究开发量表衡量用户对与智能设备进行多任务交互的沉迷程度。研究通过发放网络问卷的形式进行,其开放时间持续两周。该实验收到了380份有效问卷,参与者处于13~55岁的年龄区间,其中205位为男性,175位为女性。大部分参与者的教育水平为大学本科或硕士。根据问卷结果,研究团队从31个描述中选出四类智能设备多任务交互的沉迷程度要素:

(1)痴迷和疏忽(obsession and neglect),表示过度沉迷多任务交互对于社会生活造成的影响,以及对于家人、朋友、工作的疏忽。

(2)有问题的控制(problematic control),表示已经意识到沉迷于智能设备多任务交互带来的不良影响,想要改变却不能成功。

(3)多任务偏好(multitasking preference),表示相比于单任务,更喜欢多任务同时进行,且能表现更好。

(4)多元倾向(polychronic orientation),表示有进行多任务的倾向。

在界定多任务交互沉迷程度的四个要素中,"痴迷和疏忽"反映了用户对与智能设备进行多任务交互的沉迷与其他类型上瘾症状的相似之处。信息技术的快速发展,促进了人与智能设备的多任务交互。而对于多任务的倾向性和对于多任务的投入程度是相互促进的。投入越多,越能适应该任务模式,就越具有倾向性。

多任务活动还显现出明显的代群差异,年轻一代明显更能接受这种任务模式。可能智能设备的出现改变了年轻人的认知和生活习惯,就像之前的科技发展改变了老一辈人的生活一样。该结论指导今后的设计,应该考虑到这种现有产品对目标人群进行的改变。随着智能设备更广泛的流行,衡量多任务交互的沉迷程度要素,有助于进一步研究产生这种沉迷的根本原因。

在多任务的时代，你还能保持专注吗？

　　智能设备的种类日益丰富，功能也越来越强大，从帮助人们获取信息、与他人通信，到观看视频、玩游戏，这些设备似乎已经成为人们工作和生活都离不开的"秘书"。秘书虽然"很好很强大"，但你是否觉得自从开始依赖这些秘书，就越来越喜欢同时做多件事情，而且越来越难以专注了呢？

　　你觉得自己在工作或学习时，在一件事情上集中注意力可以维持多久？统计数字可能会让你大吃一惊。一些人类学的研究使用体验抽样法追踪用户在实际工作中的专注状态和任务切换行为。他们发现，2004 年人们在某一设备上的专注时间平均是 2 分 11 秒，平均每天在工作当中发生 25.4 次任务切换。但 2014 年的类似研究得出的平均专注时间下降到 1 分 5 秒，平均每分钟发生 0.95 次任务切换。

　　用户在如此频繁的任务切换过程中都在干什么呢？无论使用哪种设备，用户最常做的事情都包括浏览网页和搜索信息，这说明用户获取信息的入口已经分散到各种常见的设备中，这种入口的分散性一方面给了用户更多的选择与灵活性，同时也带来一个副产品，就是分散了人们的注意力。除此之外,网络社交也是多种设备上经常出现的活动。2008 年,国外针对大学生使用社交网络的研究发现,大学生平均每天在学习和工作的时间中查看 52 次社交网站(Facebook),如果把其他类型的社交网络服务也统计在内,则总数可以达到 118 次。2015 年,国内的学者通过问卷调查发现,超过 1/3 的被调查者汇报自己平均每小时使用微信的次数超过 5 次。

如此频繁的多任务现象满足了哪些用户需求呢？2015 年国际人机交互大会上的一个研究追踪了 25 名高校学生在两个星期的实际生活中使用智能设备进行多任务活动的情况,并且调查了伴随着这些活动的发生,学生的哪些需求得到了满足。研究得到了如下发现：

在 36% 的多任务活动中,各项任务是彼此独立、互不相关的,在这种情况下,人更容易感觉到轻松愉悦。而在另外 64% 的多任务活动中,各项任务具有一定程度的相关性,这时人更容易感觉工作效率得到了提高。有 34% 的任务切换是外部原因引起的,如接电话、及时查看微信推送等,其余 66% 的任务切换都是由用户自己引起的,由此可见多任务的行为方式已经成为年轻人工作和生活的一种常见模式。为什么大部分的切换是自己引起的呢？原来在这种情况下,人们更容易感觉到轻松愉悦。玩得开心(Have fun)成为"多任务时代"的信条。

如果各项任务都与工作无关,那么轻松愉悦的需求更容易得到满足。这一点不难理解,在一个阳光明媚的下午,躺在舒服的沙发上,来一包薯片,看着自己最喜欢的综艺节目,然后再拿起手机聊聊天,在朋友圈刷刷存在感……这种生活是很惬意的。但是,这项研究所获得的数据都是用户的主观感受,也就是说,用户自己感觉效率是否得到了提高,是否轻松愉悦。但值得担忧的是,有证据表明,频繁的任务切换行为确实会给人们带来很大的压力,不利于维持积极的情绪,甚至会改变人们的大脑结构。过度的任务切换当然是有问题的,如果这种行为让人们产生迷恋、依赖的感觉,甚至对正常工作和生活带来不良影响,那么就有必要借助一些心理干预的方法或者行为辅助的产品调节自己的任务切换行为。毕竟,人类发明设计这些智能设备的初衷不是要被这些设备束缚和主宰。让智能的"秘书"回归它们应该扮演的角色,既是用户的企盼,也是产品设计者的责任。

线上和线下的结合？AR 眼镜在服装零售中的应用

随着生活质量的提高，顾客对服装零售商的要求正在逐渐提升。提高服务质量、提升购物体验成为零售商竞争的焦点。随着网上购物和移动支付的蓬勃发展，顾客开始在实体店内使用智能手机等设备，他们通常会使用自己的设备来搜索商品信息，比较产品，寻求建议，或扫描二维码进行付款。实体和线上店面的界限逐渐模糊起来。2013 年，每 1 美元的实体零售店交易中，有 36 美分受到了数码设备交互的影响和促进，总计约 1.1 万亿美元。2014 年的研究指出，81% 的顾客会在购买前搜索商品信息，60% 的顾客会在购物前使用搜索引擎找到他们需要的产品。

目前，美国亚马逊为顾客提供了专门的手机应用，顾客可以通过扫描书籍条码获得该书籍在亚马逊线上的价格和历史顾客评价，使得线上线下信息可以更好地混合。同时，另一项调查显示，75% 的顾客会在实体店内使用手机，其中 58% 在比较商品的价格，38% 在搜索商品的信息，22% 在查看商品的评价，14% 在查询额外可选的相关产品，7% 在扫描二维码。但是，目前的尝试大部分都是手机端的应用开发，少有涉及智能穿戴设备，可穿戴设备与增强现实技术的结合是未来的发展方向。如何将增强现实眼镜应用于零售商店,提升零售商竞争水平和顾客的购物体验呢? 2016 年,清华大学工业工程系赵怡宁同学在本科毕业设计《增强现实眼镜在零售业中的应用和用户体验研究》中研究并开发了一款基于谷歌眼镜(Google glass)的零售商店购物流程和界面,并进行了用户测试。

她首先根据文献调研、整理了顾客在服装零售店中购物的过程,并小规模地访谈了用户使用谷歌眼镜的功能体验。根据用户行为调研和访谈结果,确定了谷歌眼镜在零售商店的功能类型:每一件商品在展示的同时会提供二维码,使用谷歌眼镜可以直接使用扫码功能进入照相模式,扫描商品二维码查看商品的详细信息,共五张卡片,每张卡片提供不同的信息:

(1)商品基本信息:左侧提供商品的模特试穿图片,右侧文字显示商品名称、价格和位置信息,可帮助用户根据商品编号和货架编号自行找到商品,而无须销售人员的人工帮助。

(2)商品评价:查看以往顾客对该件商品的评价,评价内容包括评价人姓名、评价内容、综合评分和评价日期。

(3)同类商品:针对每一件商品进行同类商品的推荐,相较于传统顾客自己浏览所有商品或者咨询销售人员,顾客可以更迅速、全面地获得商品信息。

(4)搭配推荐:增强现实眼镜提供代替销售人员的人工推荐,为用户提供每一件商品的相关搭配。

(5)购物车:购物车中展示每一个商品的基本信息,通过滑动可以浏览所有商品信息。

增强现实眼镜可用于线上选择商品、线下了解试穿的购买模式。顾客在实体店中通过登录账号在眼镜上查看线上购物车的内容,并根据眼镜提供的位置信息迅速找到商品。在实体店购物过程中,增强现实眼镜可以代替销售人员为顾客提供同类商品和搭配商品推荐。同时,增强现实眼镜提供的商品历史评价,可以辅助顾客更全面快速地了解商品。通过使用眼镜扫描商品二维码,也可迅速获得商品的详细信息而无须占用双手。购物后,顾客还可以在零售商网站上为购买的商品留下评价。

　　通过用户测试发现,使用增强现实眼镜提供的功能与信息可以提升顾客寻找目标商品、了解商品、选择同类和搭配商品过程的满意度,同时提高顾客的购买意愿、零售商品牌的形象和顾客的忠诚度。

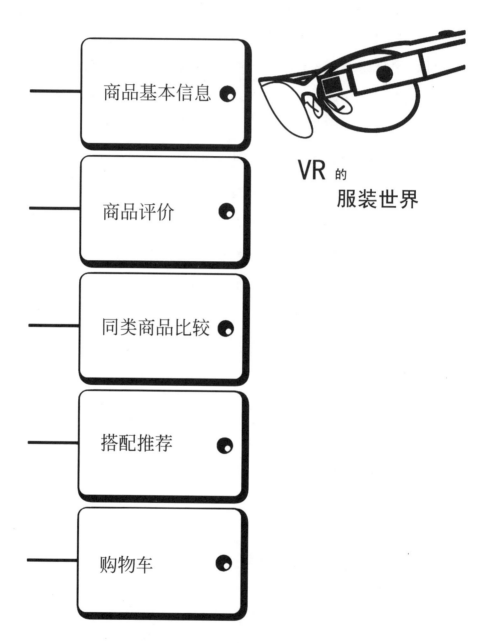

商品基本信息

商品评价

同类商品比较

搭配推荐

购物车

VR 的
服装世界

插图作者：王静

中国珠算运算的认知过程

人们采用多种方法来解决算数问题,例如,从记忆中检索(如 $1+1=2$)、分解(如 $10-7=10-5-2=3$),甚至是低效率的逐一加和(如 $5+3=5+1+1+1=8$)。不仅如此,人们还会根据外部因素的变化调整他们的策略,说问题的复杂程度、自己的运算能力等。珠算运算是以算盘为工具进行数字计算的方法,四则运算皆用一套口诀指导拨珠完成,被誉为中国第五大发明。中国珠算从明代开始盛行。然而在认知科学领域,几乎没有关于珠算运算的实证研究。2016 年发表于《国际科学与数学教育学报》(*International Journal of Science and Mathematics Education*)的研究关注了中国珠算操作过程中的认知过程。研究提出了珠算认知过程模型,包括三种计算方法(检索法、推演法和心算法)和三种影响计算方法选择的外部因素(专业程度、问题难度和操作类型)。

计算方法:检索法,即从长期记忆中提取珠算口诀来操作珠算获得结果。检索法是珠算计算的主要方法。珠算口诀是需要通过专业训练学习的,不熟悉珠算口诀的人会通过简单的珠算口诀推导复杂口诀进行珠算操作来解决珠算算数问题,这种方法是推演法。心算法,是对算盘了解较少的人,利用心算来计算每位的结果(珠算是按位计算的),直接拨动珠子在算盘上显示结果。

外部因素对计算方法选择的影响:大部分研究关注年龄对算数方法选择的影响,因为随着年龄的增大人们会积累更多的算数经验。然而对于珠算,成年人不一定比专业学习的孩子了解得多。因此,珠算专业知识是一个影响因素。问题的难度会影响方法的选择,因为数目小的运算更容易记忆而且不容易受到干扰。还有操作类型的影响,如加法、减法,加法是可交换的操作,减法不可交换,因此,减法需要记忆更多的规则。

研究邀请了36名参与者并根据专业水平将他们分成3组进行实验。12名高中生作为初学者(平均16岁);12名接受珠算专业学习超过1年的技校学生作为初级专家(平均17岁);12名有超过20年珠算使用经验的银行职员作为高级专家(平均50岁)。实验开始前对他们珠算使用"有声思考法(think loud)"进行简单培训。正式实验过程开始后,每个参与者需要独立用珠算解决12个算数问题,并且用有声思考法边操作边说出他们心里的想法。整个过程会被摄像机记录,参与者完成任务后需要和实验指导者回顾实验过程,解释实验中的特殊行为。实验结束后,指导者需要将实验录像转化为实验记录,用于分析参与者每一步操作采用的方法。

本研究发现,专家主要采用检索方法(初级专家为83.24%,高级专家为78.01%),偶尔运用心算方法和推演方法。与此相反,初学者大量使用心算方法,有时应用其他两种方法。说明专家和初学者都主要依赖从记忆中获取信息,前者检索口诀,后者检索基本算数信息。研究还发现问题的复杂程度不会影响珠算运算方法选择,结果可以通过比较珠算和心算说明,在珠算运算中,人们主要以算盘为工具存储和处理数据,不同于心算需要用大脑来完成,无论数目大小,珠算都通过按位计算来解决问题,因此并不会受到复杂程度的影响。此外,由于人们总是先学加法后学减法,因此本研究发现推演法更多地解决减法问题。

研究还对珠算运算的教育提出了一些建议:首先,着重强调口诀珠算运算在教学初期的重要性;其次,在解决困难问题时,鼓励使用心算方法或推演的方法以减少计算难度,然后通过基本口诀来解决这些问题;最后,加法和减法是基本的珠算操作也是其他操作(如乘法、除法、平方根)的基础,因此,教师在珠算运算教学过程应更多地关注加法和减法运算。

参考文献

[1] Qie N, Rau P L P, Deng J. Emotions Evoked by Traditional Chinese Herbs for Cosmeceuticals[J]. International Journal of Affective Engineering, 2017, 16 (2): 57-62.

[2] Lesch M F, Rau P L P, Choi Y S. Effects of culture (China vs. US) and task on perceived hazard: Evidence from product ratings, label ratings, and product to label matching[J]. Applied ergonomics, 2016, 52: 43-53.

[3] Chen H, Lin T Y T, Mu Q, et al. How Online Social Network and Wearable Devices Enhance Exercise Well-Being of Chinese Females? [C]//International Conference on Cross-Cultural Design. Springer, Cham, 2015: 15-21.

[4] Zhang Y, Rau P L P, Zhong R. Measuring disengagement and chaos in multitasking interaction with smart devices [C]//International Conference on Cross-Cultural Design. Springer, Cham, 2016: 139-150.

[5] Zhang Y, Rau P L P. An exploratory study to measure excessive involvement in multitasking interaction with smart devices[J]. Cyberpsychology, Behavior, and Social Networking, 2016, 19(6): 397-403.

[6] Zhang Y, Rau P L P. Field Study on College Students' Uses and Gratifications of Multitasking Interaction with Multiple Smart Devices[C]//International Conference on Cross-Cultural Design. Springer, Cham, 2015: 407-416.

[7] González V M, Mark G. Constant, constant, multi-tasking craziness: managing multiple working spheres[C]//Proceedings of the SIGCHI conference on Human factors in computing systems. ACM, 2004: 113-120.

[8] Yeykelis L, Cummings J J, Reeves B. Multitasking on a single device: Arousal and the frequency, anticipation, and prediction of switching between media content on a computer[J]. Journal of Communication, 2014, 64(1): 167-192.

[9] 曹菲, 王琴瑶, 周梁, 等. 微信用户使用行为的现况调查与分析[J]. 中国健康心理学杂志, 2015, 23(1): 81-85.

[10] Zywica J, Danowski J. The faces of Facebookers: Investigating social enhancement

and social compensation hypotheses: predicting Facebook™ and offline popularity from sociability and self-esteem, and mapping the meanings of popularity with semantic networks[J]. Journal of Computer-Mediated Communication, 2008, 14(1): 1-34.

[11] 赵怡宁. 增强现实眼镜在零售业中的应用和用户体验研究[D]. 北京: 清华大学, 2016.

[12] Rau P L P, Gong Y, Zhuang C. Pretty Face Matters: Relative Importance of the Face and Body Attractiveness in China[J]. Psychology, 2016, 7(07): 1034.

[13] Rau P L P, Xie A, Li Z, et al. The cognitive process of Chinese abacus arithmetic [J]. International Journal of Science and Mathematics Education, 2016, 14(8): 1499-1516.

专题二 / 即将来临的老年社会

人口老龄化是全球性热点问题,世界各国都在探讨如何应对即将到来的老年社会。老年人生活方式和习惯不同于年轻人,"广场舞背后的故事"通过对老年人广场舞动作的研究,带我们走近和了解老年人的行为特点和精神需求。随着老年社会的到来,越来越多的老年人主动或被动地使用科技产品。科技产品可为老年人提供方便、高效、高质量的晚年生活,同时也为设计者带来挑战。"网络真的是无障碍的吗?"评测了现有的互联网网页设计,指出了针对老人等特殊人群的网络无障碍设计和推广方向。"'互联网+'时代,高科技如何加上老年人?"带你了解老年人使用科技产品的现状以及影响他们使用的因素。随着年龄的增长,老年人的生理和心理上都会发生一系列的变化,他们的需求和年轻人也有所差异,"智能手机时代,老年人和青年人有什么不同?"带你了解老年人和年轻人对于智能手机功能接受程度的差别。智能移动医疗已经成为社会的重要话题,也是人口老龄化背景下对医疗提出的新的要求和挑战。市场中智能移动医疗设备的增多,给设计师和消费者都带来了问题。如何设计一款简单有效的智能医疗产品?如何选择一款合适的智能医疗产品?"如何为慢性病人设计个人穿戴设备?"和"会有一种工具能帮助高血压患者更好地自我管理吗?",结合对特定患病人群的调查,帮你解决这些困惑。地域因素也是影响用户对智能产品接受的重要因素,不同的国家和地区有着不同的社会和经济结构背景,进而会影响用户使用科技产品的行为。在幅员辽阔的中国,农村地区和城市地区对智能移动服务是否有着不同的看法?"中国农村用户对手机娱乐功能的接受度受什么影响?"带你了解地域环境下人们对智能移动设备的接受度。

在科技产品的设计过程中应该更多地了解并考虑不同年龄群体的需求,特别是老年人的实际需求。老年人的认知和生理等方面的能力和年轻人相比会有一定程度的差距,只有更好地理解老年人的特点和需求,才能使科技产品更好地为老年人所用,从而让老年人也享受到科技产品带来的便利与快乐。

广场舞背后的故事

中国大妈已经带着广场舞风靡了全世界,她们从莫斯科红场一路跳到巴黎卢浮宫。据统计,中国有超过一亿人跳广场舞,参与者多为家庭主妇,已退休或是即将退休的中老年人。这个年龄段的人群没有沉重的经济和社会压力,因而保持身体健康是他们的首要工作。广场舞满足了老年人的运动需求,兼具舞蹈的优美和健身的功效,也增强了社区归属感。民间广场舞没有固定的标准舞蹈动作,而是由社区中有舞蹈经验的大妈自行编制而成。官方广场舞则是中国体育总局在网络上发布的广场舞教学影片。

2015 年,发表在《程序制造》(*Procedia Manufacturing*)上的一个研究关注了中国广场舞。其研究内容有两方面:一是对广场舞的动作进行分解,分析对应的情绪状态;二是知道官方广场舞和民间广场舞的差异。研究人员采用拉邦动作进行动作分解分析,拉邦动作分析法常常用于一连串的动作组合中和内在心理状态。具有代表性的三首民间广场舞和三首官方广场舞舞蹈动作被选取出来,用于实验分析。

研究团队发现民间广场舞舞蹈动作中大部分(79%)是绵延的,其舞步多为流畅的线条,动作有持续不断的感觉;其余21%属于突然性的动作,即下一时刻的动作与此时的动作有很大的差别,无法预计下一个动作。而官方广场舞中,仅有22%的舞蹈动作属于绵延,78%属于突然性的动作。在动作力度方面,民间广场舞有70%的动作是轻柔动作,官方广场舞力度较大。由此看来,中国广场舞大妈的退休生活,步调较缓慢,欢愉而自在。官方广场舞与振奋人心、激昂类的舞蹈类似,动作较直接且强而有力。

广场舞对于中国退休老年人而言,更多的是一项休闲活动。老年人期待能在轻松无拘束的状态下,悠然自在地舞蹈。因此,民间广场舞动作中出现较多绵延、轻柔的舞蹈动作。而官方广场舞设计了较多突然性且强力的动作,会让老年人在跳舞时感到紧张且受到限制,这可能是一年多来,官方广场舞迟迟没有受到广场舞大妈青睐的主要原因。

在对民间广场舞的分析过程中,研究团队还发现中国各地区所编排的广场舞具有差异性,具有很强的地方特色。可见各地区的广场舞舞者们的内在需求、情绪与生活品质也有所不同。有机会可以多感受全国各地、各具特色的广场舞,体会当地独特的文化和氛围。另外,广场舞的动作透露了老年人的心情和身体状况,这给针对老年人的一些产品设计带来极强的参考价值。

官方广场舞：
力度强劲

民间广场舞：
柔绵轻柔

插图作者：王静

网络真的是无障碍的吗？

你知道网络无障碍吗？网络无障碍是指确保包括老年人和残障人士在内的任何人都能获得网页上的媒体信息，不论是否遭遇了身体、心理或技术上的障碍。然而，现在的网络真的是无障碍吗？研究表明中国的网站无障碍程度普遍较低，这不仅仅是技术上的问题，更重要的是人们的网络无障碍意识低下，许多人甚至没有听说过网络无障碍。因此提高人们的网络无障碍意识成为一个亟待解决的问题。

互联网理应服务于包括老年人、残障人士在内的每一个人。2015年，发表在《信息社会通用访问》(*Universal Access in the Information Society*)上的一个研究评估了 2009—2013 年中国网页的无障碍情况，并尝试通过视频推广的方式来增强人们的网络无障碍意识。

首先，研究团队选取我国 50 个不同门类的网站进行自动和手动评估。评估结果是新闻类、门户类网站无障碍程度最差，这类网站的特点是页面复杂、内容繁多；而政府网站、残障人士网站的无障碍程度最好，这可能与这两类网站的特殊性质有关。造成障碍较多的主要原因包括：页面过于复杂；闪烁严重；不规范的编程习惯（例如没有为图片提供替代文本）。值得一提的是,与 2009 年的研究比较,政府网站为网站的无障碍性做出了努力,例如为老年人、残障人士专门开设网页无障碍通道。但从总体上看,中国的网络无障碍程度依然较低。

基于此,研究团队设计了网络无障碍推广视频。视频中详细介绍了特殊人群的上网方式、网络无障碍的商业意义,以及简单可用的无障碍实践技巧。通过实验的方法对视频的效果进行了测试,邀请 33 名不同学科背景的被试对象观看视频。研究团队通过测量被试对象观看视频前、视频后的网络无障碍意识,发现观看视频后,被试对象的网络无障碍意识显著提高。通过对被试对象进行访谈发现,他们对网络无障碍的兴趣点集中在读屏软件的使用、无障碍技巧的实践上。

采用视频进行网络无障碍意识的推广是行之有效的方法。当前的网站上将普通网页转为无障碍呈现的操作过于烦琐,可以开发类似“一键优化”等功能简化无障碍操作。人们对无障碍网站的意识不够,应强调实施无障碍对个人形象的提升作用,以激励人们对无障碍网站设计的重视。设计者应进一步完善无障碍技术以优化用户体验。

插图作者：王静

"互联网＋"时代，高科技如何加上老年人？

　　中国正在以惊人的速度"变老"。《2014 年社会服务发展统计公报》显示，截至 2014 年底，我国 60 岁以上老年人口已经达到 2.12 亿，占总人口的 15.5％。据预测，21 世纪中叶老年人口数量将达到峰值，超过 4 亿，届时每 3 人中就会有 1 个老年人。

　　"互联网＋"时代，老年人在接受高科技新产品过程中存在一定困难，这与现有的智能产品设计中往往忽略老年人的特定需求有关。技术是为了更好地适应人的需求，庞大的老年人群体如何融入互联网时代，值得我们思考。

　　2001 年《教育老年学》(*Educational Gerontology*)上刊登了一个研究团队对老年人科技接受度的研究。该研究团队设计了一套新问卷，用于调查老年人使用科技产品的现状，探究影响老年人接受和使用科技产品的因素，主要有以下几个重要发现。

　　(1) 科技产品使用：老年人最常使用的科技产品分别是数码相机、固定电话、笔记本计算机、手机和打印机。

　　(2) 计算机用途：93.6％的被试对象有使用计算机的经历，6.4％的老年人没有使用计算机的经历。使用计算机的老年人中,平均每周使用计算机时间为 12.1 小时。他们使用计算机最主要的用途为看文件、编辑图片、写文件、看视频和玩游戏。

(3)应用网络:在 233 名被试对象中,208 名(89.3%)被试对象有上网经历,另外 25 名(10.7%)老年人没有上网经历。数据显示上网的老年人中,平均每周上网时间为 9.19 小时。他们上网最主要的网络应用为邮件、新闻、搜索引擎、下载文件和炒股。

(4)帮助途径:老年人在尝试新科技产品、科技产品新功能时可能会遇到一些困难。在他们的回答中发现,老年人一般会向儿女寻求帮助,尝试自己解决,或从朋友处获得帮助。

在了解老年人使用科技产品、互联网、获得帮助情况的基础上,研究团队进一步探索影响老年人接受科技产品的因素,构建了影响老年人科技接受度的四因素模型:需求满足性、帮助支持性、公众接受度和易用性。

通过调研发现,老年人认为科技产品最重要的因素是需求满足性,即科技产品是否满足了他们的实际需求。其中,他们对娱乐需求、与他人联系的需求和获取信息的需求最为强烈。其次是支持性的帮助,他们希望能够得到家人、朋友的帮助,和一些外部的帮助。调研还发现需求满足性和感知可用性会直接影响他们的使用意图,满足老年人的需求程度越高的科技产品和老年人感觉越容易使用的科技产品,老年人就越想去使用。

在实际生活中,老年人对即时通信类的手机应用接受度很高,老年人也慢慢熟悉智能手机交互逻辑和移动互联网的使用。老年人常常在朋友圈里分享鸡汤和大众养生资讯。他们也许不知道信息的真伪,但第一时间就转发给儿女,希望儿女们能够有所收获,这就是爱。年轻人也应该多关心父母,教他们使用互联网,这也是表达孝心的一种途径,让他们也能感受互联网的便利和精彩。同时,互联网公司在产品设计中也应更多关注老年人的特定需求。

高科技让老人也能搞定

插图作者：王静

智能手机时代,老年人和年轻人的需求有什么不同?

这个星球上的智能手机超过 10 亿部,老年人也渐渐拥有智能手机。但我们发现,许多老年人无法熟练操作智能手机。智能手机上的许多功能,例如下载 App,对于他们来说过于困难。很多拥有智能手机的老年人只是用手机与家人进行简单的通话。这与年轻人用智能手机进行各种社会生活截然不同。我们开始反思,在产品设计初期,是否遗忘了他们的需求?我们将从老年人与年轻人在手机功能的需求异同上进行探究。

已有研究发现,老年人和年轻人对于手机上的一些功能的接受度是不同的。那么影响年轻人与老年人对手机功能的接受程度的因素有哪些呢?在 2014 年跨文化设计国际会议上,一个研究团队报告了一项对于老年人需求的新研究。研究团队基于文献调研,整理出了六个影响用户对于手机的新功能接受度的因素,分别为意识及吸引力、个人担忧、可读性、特定功能的寻找、软键及多重触控、连通性。

研究团队进一步通过问卷调研来研究这些因素的影响。351 位 55~83 岁的老年人以及 140 位 17~32 岁的年轻人参与其中。所有的参与者都拥有手机。

结合问卷调研结果,研究团队从用户、手机、使用环境三方面分析年轻人与老年人的需求。首先是用户方面。对于手机上的一些新功能,相比于年轻人,老年人更难意识到这些新功能。而一旦某些新功能被老年人所了解,他们也能够快速地喜欢上这些功能。而对手机产生的安全问题的担忧影响着老年人对手机某些功能(例如转账、移动支付等)的接受度。良好的说明和解释能够促进老年人对这些功能的理解,从而增强他们对这些功能的接受度。

其次是手机本身的一些特征。手机的可读性、特定功能的寻找、软键和多重触控的方式对年轻人和老年人有着不同的影响。可读性是手机最基本的要求。老年人偏好大字体、大图标、大音量以及大尺寸的显示屏幕。年轻人对字体、图标及音量的需求远远低于老年人,对显示屏幕尺寸的要求要强于老年人,相比老年人,年轻人更加偏爱大尺寸屏幕的手机。当用户需要某个功能时,能够及时找到是关键的。智能手机功能的多样性给用户操作带来了一定困扰。老年人对某个功能操作反馈的要求强于年轻人,年轻人对于"易于找到某个功能及操作,易于取消该操作"的要求强于老年人。现有智能手机大多采用触摸屏输入,触控以及软键的使用问题尤为重要。老年人在软键的使用和触控动作上(如发短信)遇到的问题都要比年轻人多。老年人在点击触摸屏上的按钮以及屏幕上不明显的按钮时会遇到更多的困难,应利用新的交互方式有效地解决这个问题。

使用环境也同样重要。"互联互通"影响着年轻人对于手机的使用。相比老年人,年轻人对"接入互联网以及将手机和其他设备连接"的要求更高。在多设备的环境下,年轻人不论在工作还是学习中,都面临着跨设备、多任务的挑战,将不同的设备良好地连接起来对于年轻人的用户体验来说是很重要的。

总体来说,老年人和年轻人的需求差异主要集中在以下几点:老年人对于手机说明书的易理解性、字体、图标尺寸、操作反馈的要求要强于年轻人;年轻人更注重手机上的非视觉属性(如软件、系统等),而老年人更注重手机上的视觉属性(如图标、字体、音量等);差异最明显的是关于手机的连通性。相比老年人,年轻人认为互联网的接入以及与其他手机或设备相互连接更加重要;相比年轻人,老年人在使用软键以及进行触摸操作时会遇到更多的困难,这意味着具有"可改变按钮标签"和"触摸并按住操作"的智能手机会给老年人使用手机带来困扰。

老年人与年轻人在对手机的功能需求上有着诸多差异。现有的产品主要思路是为老年人设计专门的老年人手机。这些老年人手机多是大字体、大图标和大音量的功能机。随着智能手机的普及,老年人也想要体验更多的功能。

在设计智能手机或者给手机加入一些新功能时,设计者应对新功能提供简单易懂的说明与引导。在老年人尝试新功能时,系统应提供即时的反馈。这样会极大地提高老年人使用智能手机的意愿。此外,智能手机中的一些功能可以通过新的交互技术来实现。例如,用户通过反转手势或者手覆盖手机的方式来控制手机的音量。这些新的交互技术使得老年人在使用某些功能时更为方便。

如何为慢性病患者设计个人可穿戴设备？

中国人口老化、患慢性病愈来愈普遍，再加上目前的医疗资源不足、分布不均，使得医疗需求远超过系统负荷，而且很多偏远地区极度缺乏医疗资源。如何解决这些问题呢？其实可以通过穿戴式智能装置解决这些问题。

大家熟悉的穿戴装置，几乎都有一些监测健康的功能，如测量心跳、计算步数等，可以随时监测我们的生理机能指标，并以手机软件记录、分析这些数据，这些具有健康监护功能的可穿戴智能装置都属于个人健康装置，在不久的将来，将对医疗服务模式带来巨大的改变。举个例子，新加坡 Zensorium 公司 2013 年推出一款手机应用，只要把手指放在感应处，短短几秒就能测量并量化四项重要身体素质参数：心跳速度、呼吸速度、血氧饱和度及心率变异。除此之外，它还有社交媒体整合功能，让用户在应用平台分享数据及成果。通过网络分享数据，用户可以把最新的结果告知亲朋好友，并提供给医疗保健机构参考。

这些服务对于大家是非常有帮助的，尤其是慢性病患者，除了可以帮助他们监测健康状况、提醒他们服用药物，还可以通过软件与医生实时沟通。通过这样的方式,不用去医院抢破头,也可以得到医疗帮助。但是,为什么人们现在使用较少?2016 年《国际医学信息学杂志》(*International Journal of Medical Informatics*)上刊登的一篇论文,研究团队对慢性病患者进行访谈及大规模的问卷调查,最后找出了影响大家使用个人健康装置的原因,让我们来看看和你想的一样吗?

有些人不愿意学习新科技,主要有三个原因:

(1)身体和精神受损,他们必须更努力地学习新产品。

(2)缺乏使用电子设备的经验,让他们不愿意学习。

(3)有些老年人觉得向年轻人学习新东西非常尴尬。

如何让慢性病患者感觉到个体健康装置的帮助?

在访谈的过程中,研究团队发现有许多被别人照顾的人,其实很希望能够不要麻烦别人,他们很渴望可以独立生活。因此,如果个人健康装置提供不间断的监测系统和紧急警报的功能,就可以同时满足帮助用户保持健康、获得用户对自我健康管理的信心以及让用户能够独立生活的需要。

他们想要独立生活,并不代表他们希望一个人生活。家庭的支持对他们来说还是很重要的,对中国用户更重要,因为中国人具有相互依存的社会倾向。除了身边的家人朋友精神上的鼓励和支持之外,医疗专业人员给予的专业支持也很重要。

个人健康装置无法取代家庭对用户的重要性,但是如果可以做到给予专业建议,例如解释测试结果、提供治疗建议以及警告用户不健康的生活习惯等,就可以为患者的自我健康管理带来信心。相反地,若是在使用个人健康装置时感到非常有压力,则会降低患者使用它的动机。

个人健康装置在设计上要注意什么?

在过去,这种健康装置只有老人和患者才需要使用造成了刻板印象,有些人不愿意使用是因为害怕在使用时被误认为是老人或病患,从而带来社会压力。因此在设计未来的个人健康装置时,应该强调它是每个人的健康管理工具,并且使用个人健康装置是对健康的重视而不是老年人的标志。误解数据也会让用户产生心理压力,因为误解数据导致误以为自己的健康状况很差而产生焦虑。

有一些慢性病患者表示他们非常需要健康监测系统,尽管个人健康装置难以使用,只要对他们是有帮助的,他们还是愿意使用它来保持健康。可用性将决定用户是否使用而且在用户体验的过程中也具有相当重要的影响。

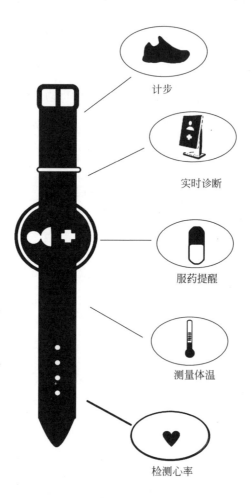

计步

实时诊断

服药提醒

测量体温

检测心率

插图作者：王静

会有一种工具能帮助高血压患者更好地自我管理吗？

高血压是心血管疾病的主要诱因之一。控制高血压除了医生的帮助外，还需要病人的配合，如保持健康的生活方式或避免进行导致血压升高的活动，然而一些患者不能谨遵医嘱从而导致血压升高。那么，是否有一种工具能帮助患者更好地自我管理呢？

2016年《计算机中的人类行为》（*Computers in Human Behavior*）期刊上刊登的一篇论文，研究团队设计了一种可以鼓励高血压患者反思他们的日常行为并帮助患者识别可能导致血压升高活动的干预机制。该干预机制由一个血压检测仪和一个安装了名为"血压标签"健康应用的手机组成。

血压标签应用除了可以记录血压和对血压数据进行简单分析外，还有一个期望准确标记（expectation accuracy tagging，EAT）的功能，该功能要求用户从三种标签里对当前血压状态分配一种标签：蓝色对勾号代表当前血压是符合用户期望的；紫色叹号代表当前血压虽然超过了期望值，但是用户知道其原因；棕色问号代表当前血压超过了期望值，而用户并不清楚其原因。用户分配好的标签与历史血压数据列在同一页面内，以帮助用户更好地了解他们的血压状况。

需要注意的是,用户进行一些活动(如运动)后会感知到自己的血压上升或下降,因此,EAT功能的目标不是将用户的血压读数与正常血压水平(例如120/80mmHg)进行比较,而是激励用户更加注意意外的血压读数,并找出导致血压波动的原因。例如,用户在运动后会认为自己的血压值升高,当他测量血压值时发现高于正常血压值,但因为他知道导致血压升高的原因,因此他会给当前血压状态分配一个蓝色对勾号。

这款应用设计得好吗?研究团队进一步邀请中老年人进行试用,评估该机制能否鼓励用户去识别导致异常血压的因素并激励他们采取更健康的生活方式。19位用户完成了试用,他们的年龄为49~70岁。

产品试用包括学习和干预两个阶段:

学习阶段(两周):在该阶段,用户会使用没有EAT功能的血压标签APP,只是单纯记录血压值和血压分析;

干预阶段(四周):在该阶段,用户会使用有EAT功能的血压标签APP,除了记录血压值外,还需对血压值进行分配标签。

每两周会对用户进行访谈与问卷调查,主要了解用户对于干预的态度,并对日常活动自我反思与生活方式改变的感知进行调研。

用户对高血压病自我管理的态度经历了以下过程:在干预之前,用户已经了解很多关于高血压的知识,并且他们认为对自身的血压情况很有把握。在接受自我反思干预两周后,用户发现一些众所周知的影响因素对他们的血压没有什么影响,所以他们的自我反思行为没有改善,他们的生活方式改变行为也没有改善。在干预最后两周,用户开始意识到一些众所周知的因素不适用于他们的状况,并发现了是其他因素影响了他们的血压水平。因此,用户更愿意改变自我反思行为与生活方式改变行为。

在六周时间里,用户对血压标签手机应用的态度有了很大的提升。部分用户一开始不相信这款手机应用真的有帮助,到实验结束后所有用户都对血压标签手机应用加以赞赏,称其能更好地帮助了解自己的血压状态。更有部分用户希望将这款手机应用安装到自己的手机上继续使用。对于 EAT 功能,用户有着不同的观点:部分用户认为 EAT 功能可以让自己反思是什么原因导致了血压不正常,而另一部分用户认为 EAT 的功能依靠主观评价而不能反映真实的原因。

另外有趣的是,所有用户都提到他们正在遵循某些中医方案来控制他们的血压,如食疗、运动疗法、按摩疗法等。在中国,许多老年患者认同传统中医,因此,对中国用户的健康干预可以包括传统中医的疗法,这样用户会更乐意去接受和听从干预的指示。

中国农村用户对手机娱乐功能的接受度受什么影响？

中国农村地区的社会经济结构多样，不同地区的农村经济水平和社会结构有很大的差异，总的来说，中国东部和南部农村要比西部和北部农村发达。而中国农村地区是移动服务的新兴市场，很大比例移动服务业务的新增用户来自于农村地区。移动娱乐服务包括视频、电视、游戏等，给人们的娱乐生活带来诸多改变。农村地区的居民们有其独特之处，如生活方式、工作方式等。很多研究表明，人们所在的社会和经济环境也会影响对新科技的接受度。农村居民对移动手机的娱乐接受度和城市居民相同吗？不同地区的农村居民对手机娱乐的接受度一样吗？

在 2010 年人机交互兴趣小组（Special Interest Group on Computer-Human Interaction，SIGCHI）计算机系统中的人因会议（Conference on Human Factors in Computing Systems）上，一个研究团队探讨了中国东部地区农村和中国北部地区农村的用户在手机娱乐接受度上的差异以及背后的社会经济背景。研究团队根据理论和文献调研，整理了 27 个影响科技接受的因素，其中包括感知易用性、感知有用性、感知复杂度、同辈影响等。在此基础上，研究团队首先电话访谈农村用户，看有没有新的影响他们接受度的因素。访谈发现一个新的影响接受度的因素是"费用",特定的服务是否会收费这个因素会影响农村用户的接受度。因此共计考虑28个因素。

随后,研究团队分别来到中国两个不同地区的农村,一个是山东德州,另一个是江苏泰州,它们分别位于中国北部和中国东部。山东德州距离北京320km,是典型的、传统的家庭社会,农业相关产业收入是当地农村人口的主要收入来源。泰州距离上海225km,是小型的家庭社会,制造业是当地农村人口的主要收入来源。

无论是德州还是泰州,研究团队发现最重要的因素都不是"服务与质量"这一关键因素。对于北方农村用户,影响最大的因素是社会影响,对于南方农村用户,影响最大的因素是自我效能。这可以从社会经济结构角度解释:

德州是中国北方农村地区的代表,是传统的大家庭社会农业经济结构,这种结构让"社会影响"成为影响科技接受度的重要指标,特别是对于移动娱乐这种非必需的需求。基于家庭的农业社会在中国已经有千年的历史,具有高效率、高安全性和未定的合作关系的优点。相互依存的关系在以农业为主的社会中有很高的效率,社会的责任和义务在大家庭中是自然就定义的,为成员的经济安全提供了保障,在以农业为基础的社会中,社会保障和银行系统的作用很小,大家庭中的人际关系成为社会安全的重要来源;保证了家庭成员为达到同一个目标而进行有效的合作,因此个人在以农业为基础的社会中不被强调。

泰州是中国东部农村地区的代表,有着以制造业为主的产业,相对更加强调自我。农村地区人们有着更高的收入水平和消费水平,随着经济的发展,人们也更加独立。人们的责任和义务从家庭关系转变为社会的分工,从农业转变为制造业;现代的银行和保障系统保证个人的财产安全;家庭的发展需要社会的合作而不仅限于大的家庭,个人从家庭中独立出来,变成社会中独立的个体。因此,"社会影响"对于人们接受新科技产品变得不太重要。而"自我效能",即从个人的角度考虑自己是否有信心正确使用产品,才是影响人们接受新科技的首要因素。

"服务和质量"在农村用户对娱乐接受度中并不扮演主要的角色,说明无论产品有多好,如果使用者没有自信去掌控它,它也不会被接受。用户所处的社会和经济结构背景也是设计师和从业者在产品设计时需要考虑的重要因素。

参考文献

[1] von Laban R. The language of movement: A guidebook to choreutics[M]. Plays, inc. ,1966.

[2] Masuda M,Kato S. Motion rendering system for emotion expression of human form robots based on laban movement analysis[C]//RO-MAN,IEEE,2010: 324-329.

[3] Yu C W,Rau P L P. Studying the acceptance of somatosensory game for Chinese square dancers[J]. Procedia Manufacturing,2015,3: 2213-2218.

[4] Rau P L P,Zhou L,Sun N,et al. Evaluation of web accessibility in China: changes from 2009 to 2013[J]. Universal Access in the Information Society,2016,15(2): 297-303.

[5] Liu J,Liu Y,Rau P L P,et al. How socio-economic structure influences rural users' acceptance of mobile entertainment[C]//Proceedings of the SIGCHI Conference on Human Factors in Computing Systems. ACM,2010: 2203-2212.

[6] Wang L,Rau P L P,Salvendy G. Older adults' acceptance of information technology [J]. Educational Gerontology,2011,37(12): 1081-1099.

[7] Zhou J,Rau P L P,Salvendy G. Age-related difference in the use of mobile phones [J]. Universal Access in the Information Society,2014,13(4): 401-413.

[8] Zhou J, Zhang J, Xie B, et al. First-time user experience with smart phone new gesture control features[C]//International Conference on Cross-Cultural Design. Springer,Cham,2014: 262-271.

[9] Sun N,Rau P L P. The acceptance of personal health devices among patients with chronic conditions[J]. International Journal of Medical Informatics,2015,84(4): 288-297.

[10] Sun N,Rau P L P,Li Y,et al. Design and evaluation of a mobile phone-based health intervention for patients with hypertensive condition[J]. Computers in Human Behavior,2016,63: 98-105.

专题三 / 产品设计与评估

科技的不断发展带来各种各样的新产品,而这些新产品的工作原理与使用方式往往有别于以往的产品,因此会带来很多新的问题。这些问题往往与用户直接相关,关系用户操作使用新技术的体验,更影响未来产品设计的方向。设计师在设计前需要了解已有的产品特点和类型,在新产品设计后需要做好产品的评估和迭代。

　　"地铁标识里的大学问"以北京地铁为例,综合考虑北京市的情况和北京地铁的现状,指出北京地铁标识设计中存在的问题,为未来北京地铁标识的改进提供了借鉴。"手机尺寸真的会影响用户购买手机吗?"研究了手机尺寸和文化对于用户使用偏好的影响。在屏幕尺寸一定的情况下,汉字要如何有效地显示和优化,"小屏幕上的汉字显示要如何优化?"揭示了小屏幕下的汉字显示问题。车对车(Vehicle to Vehicle Communication System,V2V)不仅是各大汽车公司所关注的重点领域,也是未来汽车发展的一个方向。"德国老司机和中国老司机使用 V2V 会有哪些区别?"在考虑文化背景的情况下,带你了解司机对 V2V 的看法。"如何为游牧维修工人设计一款经验管理智能手机应用"以游牧维修工人作为切入点,探讨了如何为这类群体有效地管理知识和经验。一直以来,中文的输入方式是一个非常重要的研究主题,"手指属性和中文特性如何影响中文手写输入?""拿什么拯救你,手写输入法?""如何设计一款好的汉字手写输入法?"从多个维度对手机输入的设计进行了评估,并给出了相应的建议和参考。

需要指出的是，科技的发展也通常伴随着旧技术的更迭与淘汰。这个专题一部分主题虽然随着时代的发展所关注的技术可能并不是特别新，但所涉及的方法在我们面对新问题的时候，仍可为今后探索新的产品设计与评估提供参考和思路。

地铁标识里的大学问

世界各大城市为解决市民出行问题,积极建设交通设施与公共运输工具,而城市轨道交通系统(地铁)因其运量大、可靠性高、污染低等特点,已成为改善大城市交通问题的首选。地铁标识带来的用户体验,则是与人们日常出行密不可分的话题。目前全世界地铁规模前三位依次为上海、北京与伦敦,让我们以北京地铁为例,看看应该如何设计地铁标识。

北京市在 2014 年的人口统计数约 2152 万,每年接待国内旅游人数约 4000 万,海外入境旅游人数超过 300 万,地铁系统负责重大的运输工作。北京市在 2008 年奥运会之前只有三条地铁线,而到 2015 年已开通了 18 条路线,运行里程数达 527km。北京地铁建设规划预计 2021 年的总里程将达到近 1000km,规模将再扩充一倍。根据统计,地铁每日平均客运量在 1000 万人次以上,以 1% 估计,外地人使用地铁也有约 10 万人次。

由于北京市面积大、人口多,地铁系统共设有 318 座车站,并以绵密的交错网络提供不同路线的换乘衔接,庞大数量的旅客散布或聚集在车站、站台、衔接的联络道、车厢中。如何让旅客快速顺利地找到对的路线及方向,除了需要依靠硬件设施的动线规划外,更需要清楚易懂的标识指引。事实上,北京地铁的标识设计存在一些缺陷,尚有较大改进空间。

第一是指示标识违背习惯。在很多地铁站中,站内的标识与站外的标识不一致,容易对约在出口见面的人造成困扰。另外各车站内的楼梯、电梯的方向也是因站而异,虽然依据经验人们都会靠右行走。

第二是指示标识的可见性差。许多地铁车站是换乘站,旅客须在不同路线的联络道中穿梭。很多地面上的行进方向标识符号与旅客的行进方向相反。是标识的可见性差,旅客没有注意到标识符号,还是旅客看到符号后却未依规定行走?无论是哪个原因,可以确定的是在交通高峰期人满为患,双向旅客在冲撞闪避中通过,这些行进方向标识显然没有发挥预期的作用。

第三是列车行驶方向标识混乱。在站台上,我们往往会发现行车方向标识图摆放地点和排列方式各不相同。有些在站台上,有些放在轨道后的墙上,站名的陈列方式以水平方向为主,但有部分路线使用垂直方向呈现。最后,有些具有圆柱的车站站台,圆柱背面标识下一站,面对的对象只能是列车上的旅客,因为站台上的旅客是看不见的。

第四是指示标识不统一。不同地铁的车厢内的行驶站名标识图各不相同。经过简单的分类,我们发现,站点路线的指示方式由颜色(红、绿、红绿)、灯号(亮、熄、闪烁)、方向指示符号(没有、一个尾端的方向符号、夹在站名的方向符号)等组成,因此可以组成27＋1种不同的标识方式。事实上,北京地铁内部站点地图的标识风格非常混乱,容易让旅客产生混淆,形成较差的用户体验。

标识或指引看似是一件极为平常的工作，但要做到清晰易懂并不像想象中那么容易。首先，地铁系统的用户包罗万象，文化素质也参差不齐，另外更有众多外地和国际游客，因此需要考虑用户的全面性；其次，地铁系统将旅客聚集在近似封闭的空间中，关于动线设计与标识指引，不仅要便利旅客，更要优先考虑公共的安全性；最后，地铁系统在未来几年将再扩张一倍运行里程数，旅客可以去得更远、换乘次数更多，指示标识的一致性显得更为重要。

交通系统关系公众的切身利益，本书仅就地铁系统的标识或指引提出观点，前述的全面性、安全性、一致性，可以通过用户体验进行检验与改良。值得一提的是，用户体验不宜由体制内人员自行模拟，正如同软件的成品测试不能由开发人员进行，而必须由第三方机构及一般用户来测试，因为不熟悉产品的人更容易发现真正的问题。北京地铁在数量上已达到世界级水平，现在正是提升内涵质量的最好时机。

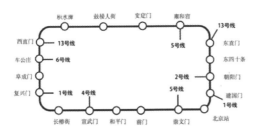

插图作者：王静

手机尺寸真的会影响用户购买手机吗？

手机几乎已经成为人们生活中离不开的工具，除了满足人们通信、游戏、照相、录制视频等越来越多的需求以外，手机的外形也在不停地变化，尤其是屏幕的尺寸，从 4 英寸到 6 英寸，人们逐渐倾向于买更大屏的手机。然而，2016 年 3 月 21 日苹果公司在春季发布会上却一反常态地发布了一款尺寸重新回归到 4 英寸的 iPhone SE。那么，手机尺寸真的会影响用户购买手机吗？这就是本书要与大家讨论的话题。

随着近几年手机屏幕尺寸的不断增大，越来越多的研究者开始关注手机尺寸对用户购买手机的影响，并通过生理和心理两个角度相结合的科学研究方法，探究用户对于不同屏幕尺寸的手机接受程度，其中生理方面指的是手持手机时的舒适度；心理层面指的是用户偏好和社交心理。同时研究者们也考虑到文化差异，将中国和德国用户进行了对比，希望了解用户究竟为什么会购买大屏手机。《程序制造》（*Procedia Manufacturing*）期刊刊登了一篇文章，对手机尺寸的相关研究进行了整理，得出以下几条结论：

（1）人的手部尺寸与屏幕的尺寸之间存在明显的匹配和对应关系，如果偏离这种对应关系，用户的操作会变慢，拇指的疲劳程度会增加。随着手机屏幕的增大,这种偏离现象越来越严重。

(2) 专注于网上消费者行为研究的市场研究公司 GlobalWebIndex (GWI)指出,用户使用最多的是社交功能(主要包含阅读和写字)。屏幕增大后显示的信息量增加,有利于阅读;而且大屏幕意味着大的键盘,可以减少输入错误。对于娱乐视频等,屏幕越大,用户的观看体验越好。所以,屏幕增大的趋势与用户的常用功能是紧密相关的。

(3) 从文化差异上,西方国家用户(如英国、美国)最喜欢的尺寸是 4.5 英寸,而中国用户则喜欢 4.7 英寸。

因此从以往的文献中我们可以推测,手机尺寸确实对用户使用手机产生影响,并且用户对手机尺寸的选择存在着文化差异。然而前人的研究并没有解释这个现象,因此该研究团队决定探究产生这些现象的原因。他们开发了一套问卷,问卷收集了性别、国籍、手机型号、使用时间、常用任务和对应的持续使用时间、生理舒适度、购买时尺寸的重要度、购买手机的关注点等问题。在清华大学的学生范围内收集到了 70 份有效问卷数据,其中包括 38 位德国用户和 32 位中国用户。通过对收回的有效问卷进行分析,他们得到了几点有趣的新发现:

(1) 中国用户与德国用户在手部尺寸上并没有显著区别。而用户选择的手机尺寸与他们的手部尺寸之间也不存在相关性。但是,中国用户喜欢的手机尺寸平均值是 4.23 英寸,略大于德国用户(4.04 英寸)。这个结论与前人发现的趋势(中国用户 4.7 英寸,略大于西方英美国家的用户 4.5 英寸)是一致的。

(2) 手部尺寸与手机屏幕尺寸的比值,与用户感受到的舒适度之间也没有相关性。但是我们并不能说尺寸不会影响用户的舒适度。因为有可能用户在购买时考虑了这个因素，所以用户的手机尺寸与手的尺寸匹配度都处于相对舒适的范围内，并没有偏离太远。另外也可能因为可以使用双手握和操作手机，减少了尺寸过大带来的不舒适感。

（3）常用的持机操作姿势有三种，中国和德国用户都更喜欢第一种（单手持机操作）姿势，而且德国的比例（71%）高于中国（53%）。而剩下的两种姿势里，中国和德国的偏好则相反：中国用户更倾向于第二种（单手持机、另一只手操作），而德国用户更倾向于第三种（双手持机操作）。

（4）影响用户购买手机的因素存在文化差异。对中国用户来说，三个最主要因素是价格、运算性能、设计与外观；而德国用户则主要考虑电池寿命、运算性能、材料质量。差异最突出的是中国用户更看重名誉因素（如社会地位的象征、品牌形象、潮流的象征），而德国用户更看重实用因素（如材料质量、电池寿命、操作系统）。

因此从以上的研究，我们可以发现一个有趣的现象：用户往往并不会根据手部的尺寸选择手机尺寸的大小，也不会根据舒适度选择手机尺寸的大小。此外中国用户更看重的是手机彰显的名誉和地位，而德国用户更看重的是手机的硬件质量。德国人购买大屏手机的趋势很稳定，主要因素是电池寿命，大屏意味着需要更长的电池寿命和更快的设备支持。而在中国，购买大屏手机的趋势不一定，一方面价格占主导地位；另一方面，名誉和地位又很大程度影响了决策。也就是说中国人更希望花较少的钱买一个能显示自己社会地位的手机，大屏比起小屏手机更突出，更有优越感，所以中国人更喜欢大屏手机。而且千元机在中国很流行，就是因为同时满足了大屏凸显地位和价格很便宜这两个需求。

插图作者：王静

小屏幕上的汉字显示要如何优化？

　　现在的手机尺寸逐渐增大，给用户带来的阅读体验有所改善，但是仍有很多新的产品依旧使用小屏幕，如智能手表、智能医疗设备的显示屏，智能家居控制器的显示屏，小屏 MP4，甚至有公司推出了微型手机。这些小屏设备主要用于快速阅读屏幕上的信息，因此小屏可移动设备上文本的可读性成为影响用户阅读效率的重要因素，不好的设计容易导致疲劳，从而导致阅读速度的下降。2009 年，《国际工业人因工效学报》（*International Journal of Industrial Ergonomics*）上刊登了一个研究团队对小屏可移动设备界面文本可读性的研究。

　　可读性包括易识别性和易理解性两个方面。易识别性指的是文本内容能够被识别的程度，而易理解性指的是文本内容能够被读者理解的容易程度。用户使用移动设备进行的阅读任务可以分为两种，一种是深度阅读（如阅读短信、电子书、邮件），另一种是快速浏览（如网页选项、菜单或者软件标签），在深度阅读中，易理解性是需要考虑的主导问题，而在快速浏览中，易识别性则更重要，所以在不同任务下对可读性的需求是不同的。影响可读性的因素也有可能是不同的。

前人研究了字体对纸上、计算机上文本的可读性的影响,发现字体大小、字型、颜色、行长都会影响用户的阅读效率,而在移动设备上,用户水平移动会影响用户的搜索行为,尤其是在用户快速走路时会受到明显影响,而且会带来较大的主观感受差异。不过这些研究主要针对英文,而对于中文文本可读性的工效学研究主要聚集在计算机屏幕上,研究发现字体类型、大小、行距都会影响汉字在计算机屏幕上的可读性,而且笔画的增多需要通过增大字体来补偿可读性。但是现在仍然没有足够的研究说明在移动设备上该如何设计中文。因此这个研究团队开展了这项研究,探索了屏幕分辨率、字体大小以及任务类型三个变量对于移动设备上中文可读性的影响。他们招募了 15 个视力正常(或通过眼镜矫正到正常视力水平)的学生进行测试。每一位被试对象需要在手机上分别使用四种不同的分辨率和六种不同的字体大小进行实验任务。在每一种组合下,被试对象需要进行两种不同的任务:任务一是阅读任务,即阅读一篇 1500~2000 字的文章片段,阅读结束后需要简单介绍这段文字的内容以保证阅读任务的完成度;任务二是搜索任务,即在打乱的文本中找到指定的词语,搜索任务需要进行三次。每一位被试对象的总实验时间为 4 小时,分两天进行以避免疲劳导致的错误。

在实验过程中,研究者会记录被试对象的任务完成效率(阅读任务:阅读速度=字数/时间;搜索任务:搜索速度=三次搜索的时间总和);同时会记录被试对象的主观感受(阅读任务:阅读容易程度、疲劳程度、对分辨率和字体的组合的偏好;搜索任务:搜索的容易程度),作为评估可读性的标准。通过分析,最后发现了几点有趣的结果:

（1）分辨率：125dpi（每英寸点数）下的阅读速度比其他分辨率慢。整体看来，分辨率越高，中文汉字的可读性越高，尽管高分辨率下汉字的笔画变细。

（2）任务类型：不同的任务类型对于移动设备上的阅读没有影响，说明无论是深度阅读还是快速浏览，用户对中文可读性的要求是相似的。

（3）字体大小：字体大小影响用户在移动设备上的阅读。随着分辨率的提高，用户觉得最佳字体越来越小。

另外，研究者还总结了不同分辨率所对应的最佳字体大小。不过，时过境迁，小屏幕的手机已经被时代所抛弃，越来越大的屏幕占领了我们的日常生活，人们对于字体和屏幕分辨率的要求也没有那么急切了。但是可以看到的是，随着科技的发展同时也涌现了很多新的智能设备，也需要在很小的屏幕上与人进行交互，例如智能手表，而这个研究的结果正好也可以推广到这些设备上来，为它们的设计添砖加瓦。

德国老司机和中国老司机使用 V2V 会有哪些区别？

近几十年，全世界的私家车数量已从 1 亿急速增长到 8 亿，而中国已达到 1.54 亿，私家车的增长带来更多的交通问题。2010 年，全世界共有 124 万交通事故导致死亡，其中中国就发生了 27.5 万起，驾驶安全问题引起人们的关注。有人提出，自动驾驶可以在一定程度上缓解交通问题。目前很多家汽车公司已经开始生产自动驾驶汽车，如特斯拉、谷歌、本田等。

所谓 V2V 系统(Vehicle to Vehicle Communication System，车对车系统)是指把交通相关的每一个车辆、路边设施都作为一个无线网络节点，获取每一个节点的基本数据(如速度、位置等)，然后通过无线网络技术把这些数据进行分享，实现车辆与车辆、车辆与设施之间的交流。也有人做过简易的 V2V 系统模型，脱离了无线网络的辅助，直接通过挡风玻璃，用 LED 灯传达驾驶员想要表达的信息，实现与后车对话沟通的目的。

那么在 V2V 系统的帮助下实现车与车之间的交流，对避免交通事故的发生是否真的有效呢？很多研究都显示危险驾驶行为的发生，大多源于驾驶员的愤怒情绪，又称路怒症。因此有研究者猜想，当 V2V 系统实现了车与车的沟通后,能在一定程度上对驾驶员的愤怒、消极情绪进行缓解,从而减少驾驶员的侵犯驾驶行为,缓解交通事故。

为了验证这个结论,同时探究 V2V 系统设计在中德两种文化背景下是否存在差异,有研究团队在 2015 年跨文化设计国际会议(International Conference on Cross-Cultural Design)上进行了一个探索性的研究。他们邀请了 12 位来自中国、12 位来自德国的有经验的驾驶员进行了模拟驾驶实验,模拟了驾驶员在时间压力状态下在路口被别的车辆非法超车的情境,对比了对方车辆不与驾驶员进行沟通道歉和使用三种方式(即文字沟通、语音沟通和图片沟通)进行沟通解释的情况下,驾驶员的情绪、态度和行为变化。非常有趣的是,对于中国人,不论是文字、语音还是图片沟通,都可以让驾驶员缓解负面情绪和态度,提高积极的情绪和态度,原谅对方驾驶员,从而避免侵犯驾驶行为;而对于德国人,文字和语音并没有显著效果,但图片可以让驾驶员缓解负面情绪,促进积极的态度,理解对方驾驶员的行为,而避免侵犯驾驶。而在 V2V 系统设计上,中国人表示更喜欢语音沟通方式,而德国人更喜欢图片沟通方式。

因此,V2V 系统实现了车与车之间的信息交流,可以同时从驾驶员心理和技术两个角度规范驾驶员的驾驶行为。从驾驶员心理上,V2V 系统满足了驾驶员之间的交流沟通需求,一方面可以帮助驾驶员表达自己的想法;另一方面可以让驾驶员更全面地理解当前的情境,了解其他驾驶员的想法,增强同理心,从而舒缓负面情绪,因此,可以在一定程度上减少驾驶员的侵犯驾驶行为,从而降低交通事故的发生率。而从技术上,V2V 可以采集车辆的位置、速度等数据,通过无线网络传递给其他驾驶员,一方面能够提醒驾驶者视线盲点处的车辆信息,另一方面可以对周围的车辆行为进行预判,从而提示驾驶员是否有安全隐患,发出及时的预警。因此,在技术上也可以降低交通事故发生的概率。

V2V 系统实现了驾驶员之间的信息传递,而 V2V 系统与其他新技术配合使用则可以达到更好的效果。如当系统发现安全隐患时,可以结合驾驶员座椅或可穿戴设备,通过振动、声音等方式对驾驶员进行报警提醒;当系统与自动驾驶结合时,可以在驾驶员未能及时发现交通隐患时,及时地自动控制车辆进行紧急制动,从而避免交通事故的发生。所以,V2V 系统在驾驶情境中起到了举足轻重的作用。

同时本研究还发现了 V2V 系统在不同文化下有不同的设计需求。对于中国这种高语境文化(high-context culture)的国家,驾驶员习惯全面的(holistic)思维方式,需要全面的信息帮助自己了解当前发生的事情,因此,比起文字和图片,语音能够通过语调、语气提供更多的信息,所以中国驾驶员更喜欢语音沟通的 V2V 系统。而德国这种低语境文化(low-context culture)的国家则相反,驾驶员习惯逻辑的(analytic)思维方式,更喜欢直接通过事物本身做出理解和判断,因此他们需要更简洁、直接的信息传递方式来提高他们对 V2V 系统的接受度。同时,德国驾驶员会在意自己的私人空间是否受到侵犯,因此在设计 V2V 系统时需要充分考虑隐私问题。

如何为游牧维修工人设计一款经验管理智能手机应用

如何有效地收集和管理公司内部和员工的知识一直是公司面临的重要问题。随着互联网技术和网络社区的发展,许多公司(如软件开发公司、咨询公司)已经开始开发知识管理系统来分享组织内部的经验,进行有效的管理。但是如何为蓝领工人设计和开发知识管理系统,特别是为维修技术工人服务一直是一个重要但关注较少的问题。

维修服务需要技术人员有较丰富的经验来独立解决各种问题。而且部分维修工作需要工人到不同的地方服务,这种游牧特性,使工人之间的经验传递和分享变得非常困难。现场很多问题无法解决时需要依靠远程协助,这样效率低下而且威胁工人的安全。考虑到游牧维修本身的技术性和维修工人的教育背景,为其设计知识管理系统十分必要。

维修工作保证设备的正常运行,维修知识需要了解多种设备的型号和使用年限。维修工人的知识更多地来自于工作实践而非书本,属于隐性知识,较难解释和整理;而且由于维修工作需要到达不同的地方来进行,物理隔离的特点增加了工人分享经验的难度。设计经验分享系统应该考虑多方面的因素。首先,管理信息系统的定义要遵循公司本身知识管理习惯；综合考虑两类主流知识管理系统特点：维基百科(例如百度百科)和社区问答系统(例如百度知道)。社区问答系统须结合具体情境、适合主观问题等特点更适合作为维修工人经验管理的形式。

为了有效地管理维修工人的知识和经验，需要了解维修工人的特点、维修工作特点和原先的经验分享流程，以此来设计潜在的使用情景。2016 年跨文化设计国际会议(International Conference on Cross-Cultural Design)上有一个研究团队以电梯维修工人为例，对维修工人的一系列特性进行了研究。研究者邀请了六位电梯维修工人进行实地观察和访谈，访谈的话题包括工作条件、维修知识和态度。研究者们从中得知维修工人需要到达指定的地点完成维修任务，通常是独自一人或者和搭档一起，因此工人之间沟通主要通过电话或微信的形式，维修工人都有智能手机，且都有使用智能手机应用的能力和习惯。维修工作优先是解决问题，其次是常规的保养步骤。在解决故障的时候，经验非常重要。因为维修需要利用感觉器官进行判断(例如：听声音，触摸机器感受振动，视觉检测)，而且大部分经验是在实际工作中获得的。另外维修工人的经验是通过师徒培训获得的，因此每个工人都有做师傅或学徒的经验，大家有较好的互帮互助精神，以后单独工作遇到问题时还经常通过电话向同辈或师傅请教。但工人们更想自己能够独立解决问题，不打扰其他人，也是一种技术能力的体现。

根据上述的调研工作，研究者为游牧维修工设计了一套方案，方案主要立足于三点：结合组织的常规，支持已有的行为，考虑分享激励和信息准确。结合组织的常规是指管理组织内的知识要符合组织原有的经验分享机制,维修工人间的师徒培训机制很好地培养了工人帮助他人的意愿。因此为维修工人设计经验分享系统是可行的。支持已有行为是指游牧工作特性,大部分维修工人都有使用智能手机应用的习惯,将经验分享从电话转移到手机应用具有很高的可行性。而且很好地将电话中的经验传递记录下来,很容易地再次检索。而考虑分享激励和信息准确是指作为一个经验管理系统,激励机制十分重要,鼓励用户在上面分享和交流;知识的准确性才能保证系统的效用,以上两点都要结合到系统设计概念和实际工作奖励中。

根据以上分析,维修工人的经验分享平台应该有四个使用场景:搜索、支持、发现和连接。搜索是指搜索和提问题;支持是指回答别人的问题或分享经验;而发现则是通过他人的回答获得经验;最后,连接表示的是连接组织内的工作人员。通过以上四个功能能够让有经验的工人分享经验,新工人能够在线学习。平台应该采用社区问答系统形式,可以提供基于背景的针对性的帮助,工人对经验分享平台的概念有积极的态度,希望能够通过平台学习和解决问题。

插图作者：王静

手指属性和中文特性如何影响中文手写输入？

2016 年 8 月 16 日，微软旗下 iOS 版 Office 办公套件再次获得更新，最大的功能在于 iPhone 版 Office 也支持手写输入功能，新增"绘图"选项卡。iPhone 用户可在 Word、Excel、PowerPoint 上使用手指对文件进行书写、编辑、绘图、标记重点。而 Apple Watch 也加入了炫酷的手写输入功能。watchOS3 中加入了支持用户手写识别的 Scribble 功能，用户可以通过类似手写的滑动操作完成输入，可以用手写回复信息。在同年苹果全球研发者大会（Apple Worldwide Developers Conference，WWDC）上，就曾现场演示了用涂鸦（Scribble）手写输入，并且还演示了中文输入，当时就获得台下一片欢呼声。那么，在交互过程中，哪些方面会影响中文手写输入的效果呢？这对设计者又有哪些启发？就让我们一起走进中文手写输入的世界。

在人机交互领域，输入是一个十分经典的议题。目前主要的输入方式有键盘输入、语音输入以及本文将要介绍的手写输入。近年来由于触控技术的飞速发展，智能手持设备的广泛使用，智能手持设备上的手写输入这一议题也获得了越来越多学者的关注。2011 年开始具有手写输入的手机大部分是高端手机。目前比较主流的输入法(例如搜狗、百度、QQ输入法)也都提供手写输入的功能。中文手写输入的优点在于自然直观、学习成本较低。另外,中文手写输入为一些并不熟悉汉语拼音的用户(例如部分高龄用户)提供了方便。

手写输入相对于触控笔输入有诸多优点。手写输入不仅能为用户减少携带一只触控笔的负担,而且使得单手输入变为可能。例如在乘坐地铁或公交车时,站立的用户可能仅有一只手空闲来进行单手的拇指输入。不过手写输入和笔的输入还是存在差异,拇指输入又区别于食指输入,所以如何针对中文手写输入进行界面设计成为了挑战。手指的重要属性,如拇指输入、食指输入、尺寸、运动方向、活动范围、灵活能力等,都需要考虑其影响并针对其特点进行界面设计。另一方面,中文汉字是一种象形文字,因此中文的手写输入区别于字母文字(alphabetical letters)。中文汉字的特殊性不仅仅在于其笔画的方向性,还在于汉字有自己的结构。大多数汉字由一个以上的部分组成,而其余的是独体字。例如"楷"是左右结构的汉字,上下结构的汉字如"艺",包围结构如"区"、独体字如"十"。中文的特性,如汉字的笔画方向、结构、复杂度、语义都可能影响中文手写输入的效果,因此在界面设计中也需要予以关注。

那么,手指属性和中文特性会如何影响中文手写输入的效果呢?它们的影响程度又该如何评价呢?2014年《人的因素》(*Human Factors*)上刊登了一个研究团队对手指属性和中文特性对中文手写输入的效果影响的研究。

研究人员邀请了手指尺寸不同的 39 名被试对象在智能手持设备上

通过拇指和食指输入不同类型的汉字。实验选择了 39 种类型 169 个汉字作为实验任务。手指尺寸不同的被试对象需要通过拇指和食指分别输入 169 个汉字。这些汉字依据三个关于中文特性的变量来挑选：笔画方向、笔画数和汉字结构。根据这个实验，实验者们发现：食指输入的效果优于拇指输入；中等尺寸手指的效果高于其他尺寸手指的效果；输入垂直方向的笔画、简单汉字、上下结构汉字时手写效果更高；而手指划分和手指尺寸对满意度和工作负荷并没有显著的影响。

从上述实验可以看出，手指划分（即拇指和食指）、长度、宽度、笔画方向、笔画数、汉字结构都会对输入产生影响，尤其表现在输入时间、准确率和触框次数上。因此，这些因素在中文手写输入人机交互的设计中需要更多地考虑。平均来说拇指的输入时间比食指长，所以拇指输入在界面设计时需要更为细致的考虑。例如，拇指输入的输入框大小不应与食指输入的输入框一致。实验结果显示尺寸大的手指（更长更宽）会在手写输入时有更长的输入时间，但是输入准确率更高，触框次数更少。原因可能是当被试对象受限于手指尺寸需要花费更多时间在输入时，也同时付出更高的注意力，使得输入更为精确，从而提高准确率，减少触框次数。

此外，拇指输入的触框次数显著大于食指输入的触框次数（拇指输入的平均触框次数为 0.17，而食指为 0.14）。所以，针对拇指输入，中文手写系统应该特别考虑和设计。在理想的输入框中，用户应该极少触及输入边框，触框次数几乎可以忽略。实验中，触框次数少于 0.2，意味着每手写输入 10 个汉字，会有 2 次触到边框。综合考虑实验输入时间、准确率、触框次数的结果，实验中采用的 25mm×25mm 的输入框可能过小。

因此建议手写输入框不应该小于 30mm×30mm。

而用户在书写水平、右下、垂直方向的汉字时,首笔用时明显短于以左下起笔的汉字。在手指输入的动作中,水平、垂直、右下是手指输入最为舒服的方向,手指在这三个方向的运动更为流畅自然。所以,如果中文手写系统能够辅助用户进行左下方向笔画的书写,则会改善用户的手写效果。用户在书写复杂汉字的时候难度增加,因此设计者应考虑尽量避免让用户手写输入过于复杂汉字,可以考虑通过系统辅助用户完成复杂汉字书写。

总而言之,在进行手写汉字输入时,手指属性和中文特性会显著影响中文手写输入效果,这些特点在中文手写输入未来的研究与设计中都值得考虑。

手写输入法的触与辨

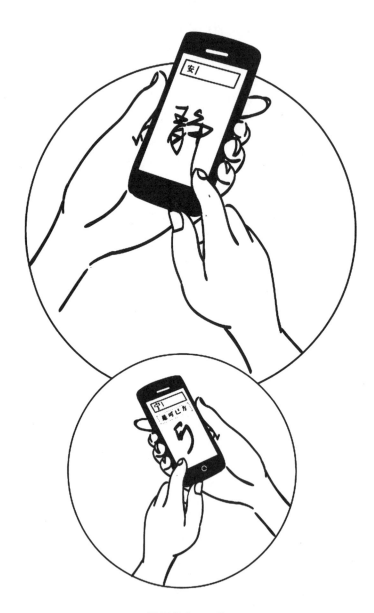

插图作者：王静

拿什么拯救你，手写输入法？

　　说到手机输入法，相信每个人都会有自己的使用心得。每种输入法的优劣，每个人都有自己的评判标准，有的人要求输入迅速，有的人要求输入准确，还有的人可能需要输入方便，真要说哪个输入法好，可能又会变成"豆腐脑是甜的好还是咸的好"这种问题。而中文的手机输入法种类繁多，一般的中文输入法有拼音输入法、笔画输入法以及手写输入法。拼音输入法又可以分为全键盘和九宫格输入法。值得一提的是，中国人对于九宫格的输入法还是相当喜爱，以至于在 iPhone 还没有推出九宫格输入的时候，就有不少人向苹果提出添加九宫格输入法的建议，不少做输入法的公司纷纷推出了九宫格输入。

　　那么，为什么中国人这么喜欢九宫格输入法呢？其实这里面是有历史原因的。想当年诺基亚辉煌的时候，那是功能机的天下。当时的手机尺寸还比较小，手机的按键数量也不多，基本上是 1～9 的数字排列加上部分功能键。在这种按键数量如此之少的情况下，输入汉字非常麻烦。于是九宫格的输入方式应运而生，这种输入方式将英文字母和笔画与数字按键绑定，也就是说一个数字按键对应 3～4 个英文字母，然后通过按对应的按键输入拼音从而进行输入。初看上去,可能会有人怀疑输入的效率和准确性,但是由于汉语拼音的特点,往往是有固定的搭配模式,一连串的按键输入之后基本便可确定唯一的一个拼音,因此输入的效率和准确性与键盘相比并没有太大区别,甚至由于按键数量少,记忆起来也非常方便。

不过与九宫格差不多同时产生的另外一种输入法——手写输入可能就不太受青睐了。当时的手写输入还不像如今这么方便,需要借助一支笔和特定的屏幕或者输入板才能输入。这种手机的价格一直非常昂贵,但是使用起来却并不一定有九宫格按键那样快捷。当然这里面有技术层面的限制,如电阻屏的输入效率低下,汉字识别算法不好,准确率低等问题。而且,尽管手写看起来比较接近人类最自然的输入方式,但实际上书写起来由于屏幕尺寸、手写笔的大小,以及笔与屏幕的摩擦力都会影响书写的手感,使得这种输入方式并不能完全还原人类真正的书写体验。这样与其他的输入方式比较起来就非常鸡肋了。

尽管进入智能手机的时代,手写输入依旧不被人们所看好。人们往往是在用尽了其他方法无法输入他们想要的汉字时才会考虑手写输入。但是手写输入也不是一无是处。事实上,对于很多中老年人来说,他们并不知道每个汉字的拼音,所以无法通过拼音输入法进行输入,而且他们往往也并不是特别看重输入的效率,此时手写输入便是他们的不二选择。另外正如上面所说,经常使用拼音输入法的人,在碰到生僻字时,也会求助于手写输入法。因此虽然手写输入存在这样或者那样的不足,但是对于汉字输入来说,是完善和补全汉字输入体系的重要的一环。

那么对于手写输入这种方式，在如今的智能手机时代，应该如何进行设计才更加符合中国人的输入习惯，提高输入的准确率和效率呢？2017年《应用人体工程学》(*Applied Ergonomics*)上的一个研究对这个问题进行了解答。研究主要是针对手写输入非常关键的四个因素进行了探索：输入框的尺寸、屏幕的尺寸、输入框的位置以及输入的方式。对于输入框的尺寸，我们以输入面积比上整个屏幕面积划分了五个档次：5％、10％、15％、20％和25％；屏幕尺寸则选取了 3.5 英寸、5.5 英寸、7.0 英寸和 9.7 英寸的设备；输入框放置了五个不同的位置：右上、左上、右下、左下以及中央；而输入方式则有用拇指输入、用食指输入以及用手写笔进行输入（这里需要指出的是，在使用拇指输入时，是单手输入，而食指和手写笔则是双手输入）。针对这些变量，我们考察了实验者的输入时间、准确率、书写笔画的次数、重写的次数、脑力负荷、满意度和个人偏好。在这个研究中，研究者得出了一系列非常有趣的结果：

（1）过小的输入区域会使得用户输入非常困难，而当输入区域的面积超过屏幕面积的 15％时，用户的满意度会明显提高，脑力负荷也会降低。然而当屏幕过大时，例如 9.7 英寸，那么再扩大输入面积其实是没有必要的。

（2）在小屏幕中，当手写输入的区域位于屏幕中央时，用户的输入速度变快，满意度会明显提高。但是对于大屏幕而言，输入区域的位置并不太会影响输入的速度。

（3）当输入区域位于中央时，双手输入（食指输入和手写笔输入）的准确率会上升。

（4）从用户满意度的角度来说，中央区域和右上区域会是比较合适的输入区域，考虑到大部分人的惯用右手，所以一般不要把输入的区域放在左上角。

（5）如果难以确定具体的输入区域的参数，那么就给用户一支触控笔吧！

当然对于手写输入的研究可以进一步深入下去，例如可以从硬件角度入手，进一步细化参数，寻求更加准确的输入区域的尺寸；也可以从人的角度入手，探究不同年龄性别的人在手写输入方面会有哪些差异。不过从已知的结果来看，手写输入还是有很多可以改进的空间，也希望手机厂商们能够在这些细节方面不断完善，让手写输入这种古老输入方式重新焕发青春与活力。

插图作者：王静

如何设计一款好的汉字手写输入法？

汉语拼音是中华人民共和国官方颁布的汉字注音拉丁化方案，始于1955年，而现今已成为国际标准。在智能触控设备普及的现在，中文输入系统被广泛应用在手机与平板电脑上，其中包含用手指手写汉字与使用汉语拼音输入，用户常常使用的指头包括拇指、食指和中指。

虽然汉语拼音的发展得已经成熟，但对于那些不熟悉甚至从未学过汉语拼音的用户来说，汉语拼音输入法是很难的。在这种情况下，手写输入给这些用户提供了一个很好的选择。例如，书法是中国及深受中国文化影响的周边国家和地区特有的一种文字艺术表现形式。以往的研究表明，中国书法能够带来积极的情绪。那么考虑移动触控设备上手写输入的审美方面，可能会提高手写输入法的用户体验。对于中文手写输入法，过去的研究人员已经做过很多努力，但大多数更致力于改进算法，让机器识别汉字手写体的能力能够得到提升，而对于输入过程中的一些输入参数的设置，例如手持方式、输入框大小、交互界面的设计，则一直没有定论。事实上，这些因素对人们使用手写输入法的体验影响非常大。

在车站或广场中我们常常可以看见大型的触控设备，如ATM自动提款机与资讯交互系统等,这种大型设备是被固定住的,用户无法像上面说的那样,双手持取机器并用另一只手进行触控输入。这种情况下,手指的尺寸,包括手指的宽度、手指的长度、手指的面积等,都会影响中文书写。手指的宽度与面积直接影响手写输入框应有的大小,当输入框明显小于手指面积时,用户非常难以使用。另外,在手持设备上,则是手指的长度影响输入框的位置。又由于汉字由多个笔画所组成,手写输入的每一笔画都需要由同一只手指来完成,因此必须研究手指的疲劳。不同年龄的用户可能有不同的手部运动能力。举例来说,老年人的手指动作比年轻人缓慢。输入框的大小、位置、手写轨迹显示与替代字符显示等会对用户体验造成直接影响。一个好的界面设计可以提高汉字的手写输入速度和精度,提升输入效率与用户满意度。

针对以上问题,不少研究团队纷纷展开了调查,通过一系列问卷访谈和实验的方式,得到了改善中文手写输入法的一些要点:

(1)输入区的设计是最重要的,除了一般的界面设计考虑,如颜色、形状、含义、方向外,也可以考虑中国书法的相关因素,如笔画、笔触、书写的停顿时间等。另外,输入框应该够大,以便用户可以在手写的过程中清楚地看到手写的轨迹。

(2)根据中国的人群手指大小的详细尺寸,手持设备上输入框的最佳尺寸应为 30mm×30mm。然而,目前还不清楚在智能手表等小型设备上手写的最佳输入大小,这个值得进一步研究。

(3)手写框的位置不能阻挡用户原先页面的信息显示,不恰当的位置设计输入框可能导致用户在输入完毕后看不见搜寻的资料。

（4）最后，要考虑产品的物理特性，如触摸技术、画面质感与系统的响应时间等。最终目的是为了让用户能够更自然地使用手写输入法。

其实我们可以看到，影响汉字手写输入法的因素非常多。在越来越多智能设备涌现的今天，如何提高用户手写输入的效率和舒适度，是值得研究者和开发者进一步探索的问题。

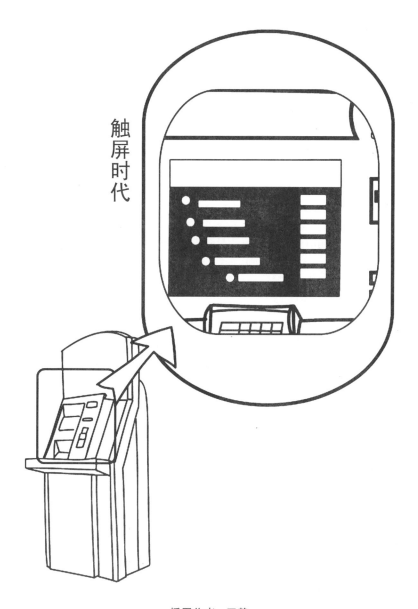

触屏时代

插图作者：王静

参考文献

[1] Rau P L P, Zhang Y, Biaggi L, et al. How Large is Your Phone? A Cross-cultural Study of Smartphone Comfort Perception and Preference between Germans and Chinese[J]. Procedia Manufacturing, 2015, 3: 2149-2154.

[2] Ji X, Haferkamp L, Cheng C, et al. Design of Vehicle-to-Vehicle Communication System for Chinese and German Drivers[C]//International Conference on Cross-Cultural Design. Springer, Cham, 2015: 121-128.

[3] Huang D L, Rau P L P, Liu Y. Effects of font size, display resolution and task type on reading Chinese fonts from mobile devices[J]. International Journal of Industrial Ergonomics, 2009, 39(1): 81-89.

[4] Li Z, Rau P L P, Qie N, et al. Exploration of Smart Phone Knowledge Management Application Design for Nomadic Maintenance Workers [C]//International Conference on Cross-Cultural Design. Springer, Cham, 2016: 418-425.

[5] Chen Z, Rau P L P, Chen C. The effects of human finger and Chinese character on Chinese handwriting performance on mobile touch devices[J]. Human factors, 2014, 56(3): 553-568.

[6] Chen Z, Rau P L P. The role of size of input box, location of input box, input method and display size in Chinese handwriting performance and preference on mobile devices[J]. Applied ergonomics, 2017, 59: 215-224.

[7] Kwok T C Y, Bai X, Kao H S R, et al. Cognitive effects of calligraphy therapy for older people: a randomized controlled trial in Hong Kong[J]. Clinical interventions in aging, 2011, 6: 269.

[8] Chen Z, Rau P L P, Chen C. How to design finger input of Chinese characters: A literature review[J]. International Journal of Industrial Ergonomics, 2014, 44(3): 428-435.

[9] Zhou J, Rau P L P, Salvendy G. Use and design of handheld computers for older adults: A review and appraisal[J]. International Journal of Human-Computer Interaction, 2012, 28(12): 799-826.

专题四 人工智能与机器人

人工智能已经渗透到生活中的各个方面,在生活、艺术、交通等领域都广泛存在着人工智能的身影。从最初的工业机器人进化到可以学习人类思维的类人机器人,我们的生活和工作中已经很难离开它们的帮助。"人工智能时代来了,你准备好了吗?"梳理了人工智能的发展和当前的一些应用,带你初步走进人工智能的世界。随着"物联网"和"社交物联网"概念的普及,人工智能可以协助人们进行工作,提高工作绩效、提供建议、促进行为的改变。"如何打造可以帮助用户养成节能习惯的智能环境?"带你了解人工智能对节能行为的影响。"人工智能可以帮我们突破外语阅读的障碍吗?"讲述了人工智能可以为人们提供更丰富有效的学习方法,帮助人们克服阅读和学习障碍。但是人工智能与机器人的设计还有很多需要注意的原则,"智能助手时代来了,如何选择自动化的'度'?"指出在设计过程中需要着重考虑智能助手自动化程度。机器人的自动化程度会随着机器人的社会属性变化对人的决策结果和信任程度有不同影响,"机器人的社会身份如何影响我们决策?"带你了解机器人的社会身份和自动化程度对用户决策的影响。人们在与机器人或人工智能交互过程中,表现出来的信任和喜爱其实是随着不同的国家和文化而有所不同。"不同文化下,我们如何看待机器人的建议?"和"机器人用不用'入乡随俗'?"带你了解不同文化下用户对机器人的体验。"智能家居那么火,你为什么不用?""饮水机向您发出一条好友申请"和"购买智能电视,你更看重哪些功能?"关注人工智能辅助下的家居场景,为我们的生活绘制新的蓝图。

随着物联网和新的概念的发展，我们在设计机器人与人工智能时，需要考虑的因素也越来越多。因此，了解用户、把握用户的诉求，是做好设计的核心，也是人工智能等科技能否真地服务好人类的关键。

人工智能时代来了，你准备好了吗？

2016 年，阿尔法围棋（AlphaGo）和李世石的围棋旷世大战吸引了无数人的眼球。而最后李世石的落败让人们发现人工智能（AI）已经有了如此惊人的能力。一直以来，人们对人工智能的认识往往来自于科幻电影和小说，而在现实生活中，大部分人可能认为人工智能并没有那么智能。而这场围棋旷世大战，让人们突然意识到机器人和人工智能正在不断地进化和提升。而事实上，人类在这个十年，已经不知不觉进入了一个机器人与人工智能的时代。2017 年，人工智能首次进入中国政府工作报告。人工智能可以在制造业、服务业、家庭生活等诸多领域大有作为。

事实上，在人工智能发展的历程中，共有两个重要的里程碑。一个是 2016 年 AlphaGo 与李世石的围棋大战，而另一个是 1997 年 IBM 公司的"深蓝"与卡斯帕罗夫的国际象棋大战。当时的国际象棋世界冠军卡斯帕罗夫是人类有史以来最伟大的国际象棋手。即使是世界上唯一能与他抗衡的棋手（前世界冠军）在每次与他交战时也都是他最终取胜。然而，在一场世纪人机大战中，他却输给了一台计算机，这就是 IBM 公司的"深蓝"。于是,这次大战震惊了棋手和爱好者们,从而成为人工智能历史上的重要里程碑。从"深蓝"到 AlphaGo,显示着人工智能的进步。一方面,围棋比国际象棋复杂和难以预测,像"深蓝"进行国际象棋中对每一步的棋局进行打分、通过暴力算法(brute computer power)进行计算和决策的方法,在围棋中是行不通的。AlphaGo 通过神经网络的深度学习(deep learning),分析了 3000 万部职业棋手的棋谱,并通过增强学习(reinforcement learning)与自己博弈,寻找更多的打点来击败人类。因此,AlphaGo 并不是计算每一步的可能性,而是通过策略决定棋路,看上去很有专业棋手的"棋风"和"棋感",让人们不得不承认,AlphaGo 标志着人工智能已经越来越像人了!

而最初的人工智能与机器人,主要应用于工业领域,进行一些工厂机械任务的操作。近十年,随着人工智能算法的成熟,很多机器人开始被赋予类人的思维和算法,机器人也逐渐从由工厂机器人进化为复杂的类人机器人。机器人与人工智能的应用已经涉及人们生活中的很多领域。除了下象棋、下围棋以外,人工智能与机器人还可以做以下事情?

(1)水下机器人:水下机器人是一种工作于水下的极限作业机器人,能潜入水中代替人完成某些操作,可以代替人类完成水下搜救、探索、检查等危险任务。

(2)手术机器人:2015 年 5 月,一段机器人缝合葡萄皮的视频在网络走红。视频中,一个名为"达芬奇系统"的机器人先是撕开了一颗葡萄的皮,然后又将葡萄皮完好地缝合。这是一种高级机器人平台,使用微创的方法实施复杂的外科手术。"达芬奇系统"由控制台、床旁机械臂系统、成像系统三部分组成。

（3）自动驾驶汽车：自动驾驶汽车是一种通过车载传感系统感知道路环境，自动规划行车路线并控制车辆到达预定目标的智能汽车。谷歌、特斯拉、苹果、宝马都在开发自己的自动驾驶汽车，并且已经在日本、瑞典以及美国等许多国家投入使用。

（4）社交机器人：2015 年 6 月 20 日起，由日本软银集团和法国巴伦机器人（Aldebaran Robotics）研发的社交机器人 Pepper 正式发售，Pepper 可以通过量化评分对人类积极或者消极情绪做出判断，并用表情、动作、语音与人类交流，甚至开玩笑。

（5）虚拟助手：苹果语音助手 Siri 大家一定不会觉得陌生吧，这是一款内建在苹果 iOS 系统中的人工智能助理软件，类似的还有微软的 Cortana 等，用户可以使用自然语言与手机进行互动，完成搜寻资料、查询天气、设定手机日历、设定闹铃等许多服务，成为人们的个人虚拟助手。

（6）智能家居：随着物联网概念的提出，在居家环境中，家居设备可以实现自动化和智能化，具备更多的功能，并且有可能以社交形象的方式呈现，帮助用户与家中的设备和环境进行互动。

很多人担心，人工智能变得这么强大，是否可以把所有的事情都交给人工智能来完成？而在未来的某一天，人工智能会不会取代人类甚至消灭人类？可见，人工智能的发展不仅给人们带来了方便和更多的机会，也引起人们的担忧和恐慌。这种担忧并非空穴来风，例如 AlphaGo 下棋的时候，即使是写 AlphaGo 代码的程序员，也不能够理解 AlphaGo 为什么会那么落子。但是，科技的进步不应该因为我们的担忧而停止，人工智能的进步是伴随着人类的进步的。而现在，我们更多需要考虑的是：在人工智能与机器人不断走进我们生活和工作的同时，如何设计机器人能够提高用户的接受度和用户体验；如何分配人与机器人的角色，提高工作效率。毫无疑问，人工智能与机器人的时代已经来到，我们必须做好准备，迎接这个新的时代。

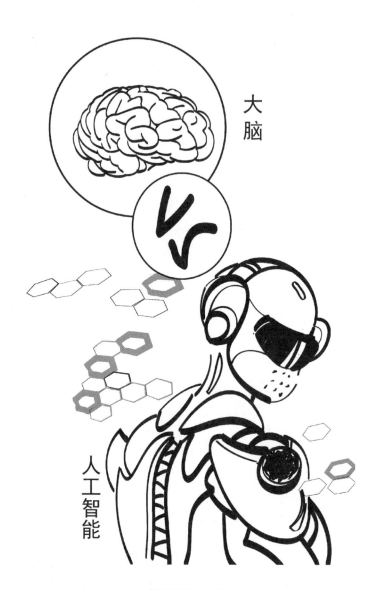

大脑 VS 人工智能

插图作者：王静

如何打造可以帮助用户养成节能习惯的智能环境?

环境问题一直是备受关注的热点。随着物联网(Internet of Things,IoT)的迅速发展,智能设备可以更好地将能源利用可视化,从而打造出一个智能的家庭或办公环境来帮助用户推进节能行为。在设计这样一个节能环境的过程中,哪些设计因素可以使得特定环境的节能行为更容易被注意到和更容易让用户坚持下去?以及用户对这些因素会做出怎样的反应? 2016 年国际人机交互大会(International Conference on Cross-Cultural Design)上的一个研究主要针对物联网环境下的节能问题。

实际上,当我们想要劝说用户做出一些节能行为的改变时,首先需要从用户心理上考虑影响用户行为变化的动机和障碍。动机包括内在动机和外在动机两部分。内在动机,指的是心理因素,如一个人的价值观、对事物的态度、具备的知识技能,以及感知到的自我效能等。例如,在用户心理的良性反馈系统中,当用户付出的努力很多时,能力就会获得很大的提高,然后,感知到的自我效能(即认为自己能够胜任当前任务的能力)就会提高,于是会付出更多的努力。外在动机,指的是情景因素,如社会规范、环境信息等其他外界的刺激,像我们常说的"入乡随俗"就是一个典型的例子。

障碍包括个人因素、责任因素和实用性因素三个部分。其中最主要的是个人因素，指的是消极态度或个人需求，例如用户的懒惰态度。在辅助节能的智能环境设计中，一种可行的方式是将能源消耗可视化，让用户可以及时监控并获得反馈，从而形成一个积极的反馈系统。结合上面的分析，我们推论，为了提高用户的自我效能，可以考虑添加以下两个要素：一是让能源消耗的监控行为以聊天智能代理的形象体现出来，从而通过直接或含蓄的方式为用户提供建议；二是让智能代理直接为用户执行一些简单重复操作，让用户感到任务难度降低，从而提高用户进行节能行为的意愿。

为此，研究团队做了一组实验，来验证劝说型智能助手对用户行为改变的影响。

在第一个实验中，邀请用户观看视频，同时会有不同的智能助手以社交平台好友的形式向用户发送节能的消息（如："××同学，五层走廊已15min无人通行，保持开灯要花更多电费，您会让灯保持照明还是把灯关掉"）。智能代理方式被分成两类：一个是用户执行，即用户既是决策者也是执行者，智能代理只是提醒者；另一个是代理执行，即用户只是决策者，而智能代理是提醒者和执行者。实验向用户提供了七种不同的节能情境，如关闭走廊灯、调节室内空调温度、关闭打印机等。用户在观看视频的过程中，接到社交平台上智能代理的提醒，然后决定是否回复。

在第二个实验中，用户需要对一个软件进行测试。智能代理会告诉用户附近教室的电器浪费情况并询问用户是否过去关闭。在这个实验中任务被分成两类：短时间（25s）可以完成的任务和需要较长时间（50s）完成的任务。而信息反馈方式也被分为两种：一种是只告知用户关闭了多少电器；另一种是告知用户关闭的电器数量和节省的电量。

实验结果发现，在公众场所，当智能代理提供帮助时，用户会认为更有必要去节约能源；在公众场所，面对可以帮助执行操作的智能代理，用户会更加积极果断地做出响应，也容易采取节能行为；用户感知到的时间消耗和任务难度越大，其实际任务的时间消耗越多；告知用户节能效果，会增强用户的自我效能评价；当任务需要较长时间时，这种影响程度会减弱。

因此，从用户体验的角度来说，用户如何感知和理解节能任务是很重要的。一方面，用户是自身行为的决策者，因此用户希望有明确的对自己行为的控制感，以及对自己行为产生结果的责任感；另一方面，用户也是自身行为的执行人，因此用户希望有强烈的自主感。当智能代理提供的帮助越多，用户执行的部分被削弱，感受到的自主性降低，此时用户就会觉得能量是智能代理节省的而不是自己节省的，因此用户感受到的自我效能就会比较低。能帮助执行操作的智能代理可以让任务更简单，但是不能帮助执行操作的智能代理却可以让用户有更强的自主感。但我们依然无法预测，哪一种智能代理对用户来说是更好的选择。

所以，如何打造帮助用户养成节能习惯的智能环境呢？有以下建议：

（1）给用户一定的推动，暗示和提醒他们节能行为的必要性。

（2）让用户感受到控制权，并且相信这些积极的结果都是源自于他们的正确决定。

（3）理解用户在不同情境下的状态，根据用户的习惯、自我效能程度和当前情境来给用户分配不同的任务。

（4）告知用户他们的行为对于节能所产生的影响。

人工智能可以帮我们突破外语阅读的障碍吗？

如果阅读英文文章的理解力也能像中文一样那该多好！对于母语为中文的用户来说，在阅读英文文章时，常常需要花费额外的力气去吸收与消化。当遇到不懂的单词时，我们就开始查它的中文解释。查询英文单词的中文解释虽然最方便快速，但是在某些情况下中文解释并不能完全对应到这个英文单词在文中的意义，举例来说，"abstract"这个单词就有抽象的、摘要、萃取等解释，对读者而言，要判断哪个解释最符合文章解释，无形中增加了英文阅读的认知负荷程度。

那么，有没有可以跳过单词解释就读懂外语文章的方式呢？假使人工智能自动为外语文章生成图片，对我们阅读英文文章会有什么影响呢？图像可以直接将我们脑中已知的概念和英文单词对应起来，让我们一看到图片就立刻知道意思；除此之外，阅读文章时如果呈现多张单词的图片，可以让读者在短时间内透过几张图片来抓住文章大致要表达的意思，这时我们的背景知识便能辅助我们推知文章大意。

于是，为了更深入了解图片对于英文阅读理解的影响，2014年人机交互大会（ACM CHI）上，一个研究团队展示了一个图像注记文章阅读系统,并用此探究母语为中文的读者在阅读英文文章时是否会受益于图像辅助。

研究过程中,研究团队招募了 67 位年龄介于 18～30 岁的被试对象,并将他们随机分配到以下五个实验情境中:纯英文阅读、英文文章搭配系统默认的单词图片阅读、英文文章搭配可选择的多张单词图片阅读、英文文章搭配系统默认的中文单词解释阅读、英文文章搭配可选择的多个中文单词解释阅读。研究团队分别测量被试对象阅读后的阅读理解分数与一周后的阅读理解分数。

测验结果发现,阅读后的五组得分并没有显著差异,但是在接受图片辅助的被试对象中,有 60％以上的被试对象表示图片在主观上有助于阅读理解。而一周后,研究团队再邀请同样的被试对象在没有任何辅助的情况下阅读同样的文章,结果发现原本接受图片辅助英文阅读的被试对象阅读测验得分显著高于原本接受中文解释辅助的被试对象,即通过图像的方式辅助英文阅读会有长期的学习效果。

通过这个实验结果,可以想象也许在不久的将来,我们将有可能在人工智能为文章产生精准的对应图片的辅助下,加强我们对外语文章的理解,让看懂外语新闻、小说或文献都不再困难!

智能助手时代来了，如何选择自动化的"度"?

近日，智能助手领域密集的产品发布牵动了所有人的神经。Facebook 推出智能助手 M 并组建了 M 的人工训练师团队；百度机器人推出助理"度秘"直切 O2O(Online To Office，将线下的商务机会与互联网相结合)行业；微软发布了搭载 Cortana 语音助手的 Windows 10 操作系统强势登陆 PC 市场；苹果 iOS 9 中推出新版语音助手 Siri。密集的产品发布拉开了下一代颠覆式交互方式入口之战的序幕。

许多人相信自动化是智能助手成功的关键。然而，当前的所谓智能助手产品其实远未达到我们期待的智能程度。不仅仅在技术上无法达到准确的精度，导致误判的发生，更多的问题来源于用户体验设计。来自密歇根的研究小组通过调查在美国炙手可热的智能学习温控器 Nest thermostat 的用户使用情况发现，一些人并不满意 Nest 提供的自动化功能，甚至情愿关闭自动化功能。原因在于：

(1) 机器的情景感知能力低。机器并不了解用户进行每次操作的情景，导致错误控制时有发生，例如宠物被当成人导致能耗增加。

(2) 人们不愿为机器的错误控制买单。人们往往只愿意承担自己控制失误带来的损失,而不愿意为计算错误所带来的损失买单。

(3)控制感降低,对失控的畏惧。糟糕的反馈机制设计导致用户感到自己的家不受自己控制,恐惧让他们选择关闭自动化功能,并情愿换回传统的交互模式。

因此,如何在不同场景下利用"智能助手"平衡机器与人,平衡自动化与控制感,提升用户体验?对此,清华大学的一个研究小组进行了一项研究。

实验邀请上百名用户对常见家居控制场景的自动化控制偏好打分,我们发现全自动控制并不像想象中那样受用户青睐,相反,用户在某些场景下反而偏好较低程度的自动化(例如:在设定室温自动调节范围的场景中,用户偏好智能家居助手"给出推荐,并等待指示")。而在另外的场景中,用户偏好较高程度的自动化(例如:房间无人30分钟后关闭空调的场景中,用户偏好智能家居助手"先斩后奏")。进一步,我们发现:在舒适动机驱动的场景中,用户更加偏好低程度的自动化;在节能动机驱动的场景中,用户偏好高程度的自动化。也就是说,用户希望机器在不影响舒适的前提下,尽量减少自身的劳力付出,帮用户"偷懒";而在影响舒适的场景中,用户希望掌握主导权。

由此可见,智能助手全自动化的设计,未必是智能助手成功的关键,反而会带来用户体验的下降。设计适当的半自动化控制,根据不同的应用场景、用户个人偏好、文化特征,允许用户对自动化水平进行调节,是智能助手的发展方向。

那么,对于其他类型的智能助手应该如何设计自动化的"度"呢?"股票智能助手"是否应该在时机合适时自动为用户抛售股票？家庭机器人是否应该在发现冰箱中牛奶过期时自动丢弃，还是应该征求主人的意见？智能助手的自动化程度设计问题，不仅仅是技术问题，更是用户体验的问题；在了解人的认知模式、内在需求的前提下，才能够打造出真正符合用户需要的自动化智能助手产品。

主人离开家之后，鹦鹉模仿主人声音与机器人之间的对话……

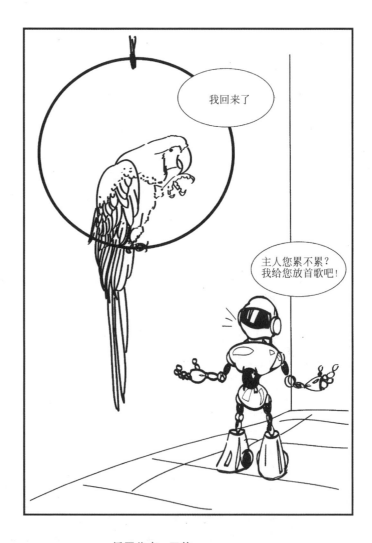

插图作者：王静

机器人的社会身份如何影响我们决策？

2014 年 6 月，软银机器人控股公司（SoftBank Robotics Holdings，SBRH）发布了世界上第一款可以识别人类情绪的人形机器人 Pepper。这款机器人拥有可爱的外表、不贵的价格和不错的智能。人们觉得它非常神奇。它上肢的关节非常灵活，可以做出不少的动作，手部也有抓握能力，脚部采用的是轮式驱动。而 Pepper 最重要的功能在于交谈：通过一定技术和算法，在与人陪伴的过程中不断地学习人的喜好，识别人的情绪，并且由此做出合适的反应。虽然这些技术和功能目前看起来还非常简单，但是我们谁也无法预料在科技发展如此迅猛的时代，五年后、十年后、二十年后的机器人会是什么样子。

于是，很多研究赋予人工智能一定的身份，以人物的形象呈现，与用户在社交平台上进行对话，与用户共同进行决策。2013 年发表于《人际交互研究进展》（*Advances in Human-Computer Interaction*）的一个研究探究不同自动化程度和不同社交属性的机器人对用户决策的影响，将机器人的自动化程度（高、低）和机器人与参与人关系（组内、组外）作为自变量，研究其对决策过程中人的影响。机器人的自动化程度（level of autonomy)是计算机自动化程度的延伸,是指机器人能够根据自己的协议采取行动的程度和能力。机器人自动化程度越高,机器人越能够自己做决定并且行动,反之,需要人来帮它进行决定或行动。组取向(group orientation)分为组内(in-groups)和组外(out-groups),已有研究表明相比于组外成员,人们对组内的成员有更多的好感,决策过程中也更容易被组内成员影响。

实验邀请了40位清华大学的学生,他们被随机分到四个组,实验采用了远程控制的机器人,通过声音来表达他的建议,声音为男性,正常的语速。实验中,被试对象会和机器人组成一个队伍共同完成一项海上生存任务,机器人提供建议,被试对象在计算机上做出决策,实验后被试对象需要填写问卷测量被试对象的态度。组内设定的机器人身上贴着"清华大学"的标签,并且介绍自己和被试对象来自同一个学校。组外在自我介绍时会介绍自己来自另外一所大学,且身上没有标签。低自动化程度机器人会在被试对象做出决定之后再次给出推荐,被试对象需要选择是否改变他的决定;高自动化程度机器人会在被试对象做出决定之前进行推荐,被试对象需要选择接受或者拒绝。

实验的其中一个场景如下:

计算机:你所在的帆船遇到鲨鱼时,你会"保持安静,等待直到鲨鱼离开"或者"用报警声把鲨鱼吓唬走"?

清华大学学生:我选择"保持安静,等待直到鲨鱼离开"。

清华大学机器人:拉响警报可能是更好的选择。

实验结果显示高自动化机器人对人决策有更大的影响,但是人们更信任低自动化的机器人。因为对于高度自动化程度机器人它与用户的交互更少,更多的是自己采取行动和建议,用户失去了对机器人的控制感,增加了对其能力的不确定性,因此被试对象表现出了较少的信任。

当机器人被认为是组内成员时,被试对象在任务中付出工作负荷更少,而且被试对象对机器人自动化程度的改变更加敏感。对于组内的成员,被试对象会有更多的期待,希望其能够主动地参与到决策过程中,也更愿意接受组内成员的建议。然而,当机器人处于低自动化程度时,其表现相对被动,不能够满足用户的期待,因此用户不愿意接受其建议。

由此可见,人工智能与机器人的设计中,自动化与社交性都会影响用户体验,而且它们之间可能还会存在交互作用。因此,一方面,设计师需要设计适当的半自动化控制,根据不同的应用场景、用户个人偏好、文化特征,允许用户对自动化水平进行调节;另一方面,也需要更多地了解人们对于不同属性社交机器人的期待和看法。他们应该定义机器人的社会属性,在设计具体的功能之前,了解人们对特定社会身份机器人的期望,有助于增强人们对社交机器人的信任和接受度,并提高人与机器人交互的效果。

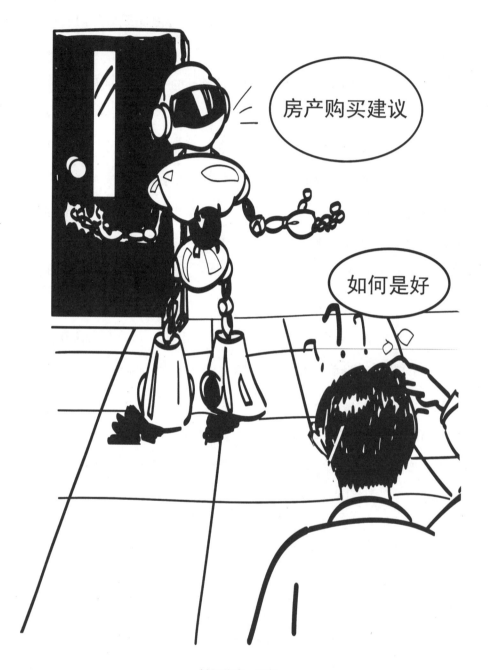

插图作者：王静

不同文化下，我们如何看待机器人的建议？

虽然人工智能与机器人可以帮助人们显著提高绩效，为人们服务，但并不是所有人都对机器人的到来感到非常乐观。人对机器人以及人工智能其实抱着一种非常复杂的态度，一方面，人们惊叹于机器人所能达到的能力，期望其能够帮助人类完成一些事情；另一方面，又特别害怕机器人会背叛人类、代替人类。这些愿景和担心并非全无道理。而这些顾虑也使得机器人和人的关系变得越来越复杂。机器人是由人类所创造，那么机器人在人类的社会中又是扮演了一个什么样的角色呢？人对于机器人应该采取什么样的态度呢？是信任，是怀疑，还是半信半疑呢？而这种人与机器人之间的关系，很大程度上影响将来机器人在人类现实生活中的运用。试想如果医院的一部分医生的工作由机器人代替，病人会有多大程度上相信这些机器人的诊断呢？所以在科技迅猛发展的同时，我们仍然需要思考机器人与人之间的关系会怎么样。另一方面，在设计这样与人进行社交的机器人时，文化的差异也是一个非常重要的考量因素。不同文化间存在非常大的差异，无论是语言、动作、表情，都需要根据不同文化的特点进行设计。也就是说，如果机器人的设计不考虑文化的因素，那么机器人可能并不会被使用者所接受。因此机器人交互过程也需要对不同的文化进行研究。

2009 年《计算机中的人类行为》(*Computers in Human Behavior*)期刊上一个研究关注不同文化下,机器人和人之间的信任问题。研究邀请了 16 名中国人和 16 名德国人完成一个选择产品价格区间的任务,然后在他们做这个决策的同时,旁边会有机器人对他们的决策进行评价,而参与实验的人可以根据机器人的评价来改变或坚持自己的决定。实验从三个维度考量了人对机器人的态度:机器人的受欢迎程度、人对机器人的信任程度,以及机器人的可信度。实验机器人为乐高玩具机器人,在实验过程中,参试者会看到六张图片,参试者会根据图片上给出的信息估计这个产品的价格,在给出第一次价格估计后,机器人会对给出的价格进行评价,然后参试者在此基础上给出第二次价格估计。在完成这些任务后,参试者会填写一些问卷,对机器人的欢迎程度、信任以及可信度进行打分。

实验的结果非常有趣,中国人和德国人对于机器人有两种截然不同的态度。中国人往往会对机器人更加信任,他们一般对机器人有更高的好感度、信任程度,而且他们会根据机器人的观点改变他们的决定。德国人则对机器人的好感度并不高,在机器人做出评价后,他们也往往不愿意改变自己的观点。中国人和德国人的这个区别可以用文化理论来解释。德国人往往更加独立自信,因此在面对机器人的建议时,不会轻易地改变自己的决策。而与德国人的文化不同,中国人往往更加依赖于他人,相对而言并不是那么独立自主,因而也更加愿意接受机器人的建议。

人们对机器人确实存在不同程度的信任和喜爱,而且往往信任和喜爱随着不同的国家和文化有所不同。因此,在机器人和人工智能发展迅猛的今天,在设计出一个又一个非凡的机器人的同时也需要考虑不同文化背景下的机器人应该怎样设计,这样,才能让机器人更加容易被大众所接受。

机器人用不用"入乡随俗"？

随着人工智能的发展，机器人作为一个社交角色出现在人们生活的各个方面。人与机器人的交互越来越自然，人与人之间的沟通和社交的准则，也在一定程度上可以应用于人与社交机器人之间。

例如，在人与人的交流中，我们常常会提到"入乡要随俗"，因为只有让我们的行为表现与当地的人保持一致，他们才会觉得我们更可靠和值得信任，也因此更接受我们。那么这个结论是否能够用于机器人呢？机器人的设计也需要"入乡随俗"吗？2010 年，人与机器人国际交互大会（International Conference on Human-robot Interaction）的一个研究探索用户文化背景与机器人表现出的文化特征对人与机器人合作效果的影响。

研究团队邀请了中国和美国的用户与不同的机器人助手一起合作。为了对应中美的文化背景，他们将沟通风格区分为直接和含蓄两种。中国的实验是在清华大学完成的，共招募了 160 个中国用户，为了探究机器人在团队任务中的角色和影响力，因此将 160 个用户分成 80 组，每组两人需要与一个机器人一起做一个环境友好型养鸡合作的模拟实验，需要进行包括选择鸡的品种、土壤类型、区域大小、光照、鸡窝材料和养鸡数量在内的六次决策。用户在了解背景后分别进行自己的单独决策,然后进入实验区域,机器人会采用不同的方式与用户进行沟通,协助用户做出最后的决策。而美国的实验是在斯坦福大学按照同样的模式进行。

实验的其中一个场景如下:

【选择养鸡场区域大小】

含蓄的机器人:一个大一点的区域可以让鸡在饮食中有更多的草,这样让鸡的成长更健康,产蛋质量也会更好。

直接的机器人:我觉得我们应该选75平方米,因为有更多草地可以保证鸡成长更健康,产蛋质量更好。

实验的结果发现:中国人和美国人分别会把含蓄的机器人和直接的机器人当作自己的团队成员,认为它更可靠。中国人和美国人分别会更多地遵循含蓄和直接的机器人的建议来改变自己的决策。中国人比起美国人,在对待机器人时有更多的负面态度。由此我们看到,因为中国文化喜欢含蓄的沟通风格,所以在面对含蓄的机器人时,中国人会觉得它很可靠,更信任它,也更容易因为它的建议改变自己的决策;而美国则相反,因为美国文化倾向于直接的沟通风格,所以美国人反而在面对直接的机器人时,会觉得它很可靠,更信任它,也更容易因为它的建议改变自己的决策。

所以,"入乡随俗"的好处在人与机器人交互中也得到了验证,机器人能否按照当前文化环境中的行为模式与用户进行合作,确实会影响到用户对机器人的反应和态度。在设计一个参与决策任务的机器人时,对中国用户应该使用含蓄的沟通风格，而对美国用户则应该使用直接的沟通风格。因此，在不同的文化背景下，应该设计不同的机器人，让它"入乡随俗"。并且，对机器人的设计可以参考人与人之间的沟通方式，这样才可以设计出更让用户满意的机器人，也可以提高人与机器人合作中的效果。

智能家居那么火，你为什么不用？

2017年，人工智能首次进入中国政府工作报告。人工智能可以在制造业、服务业、家庭生活等诸多领域大有作为。其实，"智能家居"这个词早已十分红火，这与人们对家庭生活智能化的期待息息相关。想象一下，当扫地机器人、自动厨师机、洗碗机等都具备了思考和沟通的能力，它们听得懂我们说话，看得懂手势，了解我们的习惯，也读得懂心思，会怎么样呢？

假想一个场景，一回到家中，家中的空气净化器开始说话，你会有什么反应？这并不是不可能发生的事情。日本《人类观察》善于观察人们在遇到特殊情况时候所发生的变化或者反应，一般将镜头隐藏在某个角落里。在一次实验中，男主人回家后突然发现净化器能说话了，和净化器聊了起来：

净化器：气氛有点沉闷，有什么烦恼吗？

男主人：确实是有啊！发际线那里有个黑痣，原来是在头发里面的。

净化器：上移的发际线，但是爸爸那么帅，没关系啦。

男主人：你真是个好家伙，谢谢！

净化器：心情舒畅了吧？

男主人：是呀，你让我心情舒畅了。

但是市面上的智能家居产品，能够被主流消费者接受的却很少。于是，为了了解用户对智能家居产品的具体需求，2016 年发表于《建筑》(Buildings)的一个研究以智能空调控制器为例，进行了用户调研，邀请了 25～71 岁的居民进行访谈。研究发现，用户对控制方式、显示信息、智能功能三方面存在以下需求：

1. 控制方面

（1）人们有不同的需要和偏好的控制方式。老年人和女性用户害怕复杂操作，喜欢一键启动；忙碌的年轻白领用户喜欢炫酷的新技术，使他们的生活更方便；老年人害怕改变，担心自己学不会新的控制方式。

（2）远程控制需求。例如，用户反馈到"天气炎热的时候，我想用遥控器打开车上的空调，这样，上车之后就凉爽多了""我使用应用程序来控制，这是非常方便的，我都不用寻找遥控器了""有时我晚上觉得热，但我只是懒得寻找控制器"。

（3）更简单、更快、更直观的控制器需求。许多女性用户喜欢快速启动或预设模式。例如，用户谈到"我喜欢豆浆机的控制方式，我只需要按一个按钮启动""当我开空调时，它应该记住我的默认设置"。

（4）减少控制器需求。例如，用户反馈"我有三个空调控制器来控制不同房间的空调，但我找不到它们，我希望可以统一控制"。

2. 显示信息方面

（1）用户希望获得更多的信息。他们对居住的环境条件、恒温系统的运行状态、不同设置下的电费差异和可行的节能解决方案等信息感到好奇。

（2）详细的运行状态和环境信息。用户有对他们所处环境进行全面了解的需求，他们想了解空调需要更换过滤器的时间、达到目标温度的时间、目前环境中参数（如湿度、室外温度、天气预报、空气质量等）。

（3）耗电量信息。用户还关心他们在空调使用上花了多少钱。例如，有用户提到"我想知道如果温度升高1摄氏度节省多少钱""系统应该告诉我怎样设置更省电费"。

3. 智能功能方面

（1）用户对空调智能功能还是有一定需求的。目前的技术，几乎可以实现这些他们所需要的功能，如湿度传感器和显示、空气净化远程控制、自动化、个性化等。他们还希望能够有更健康、舒适的家居环境。

（2）多功能性需求。空调可以加入空气净化和加湿功能，用户喜欢有更多的功能集成在一台机器上，既节约空间，又使得控制变得方便。即使一些用户家中已经有了空气净化器和加湿器，他们仍然需要有机器可以将所有功能集成。有用户提到"我有一个空气净化器，一个空气加湿器，但我仍然希望一台电器将这些功能集成。"

（3）可定制的自动化需求。老年用户和许多受过良好教育的用户更喜欢自动化的产品。前者享受自动化带来的便利，后者则更期待拥有在家能够享受现代技术的自豪感和渴望更好的用户体验。例如，用户提到"我想在家里有空调，它可以让我任何时候都感觉很舒服""现在我们要手动控制空调，但我希望当室内温度超出了我的舒适范围，空调会自动开启""我希望空调系统可以学习我控制的习惯并最终取代我"。

总之,用户对智能家居还是有很大的期待和需求:

(1)控制方面。人们需要更简单、更方便、更全面的家电控制。各类家电的控制器可集成,可远程控制。

(2)显示方面。人们需要更多信息反馈操作状态和环境。他们还想了解更多关于节约能源的建议,以节省更多的能源。

(3)智能功能方面。用户专注于健康和节能设置。他们期望一个智能空调来整合空气净化和调节湿度的功能。整体来看,他们希望智能家居中,功能相近的电器可以合并,节省空间。

同时,研究发现老年用户对智能家电的需求有所不同。他们既期待智能家居给生活带来方便,同时也担心自己学不会新的控制方式。我们还发现,在居家生活中,用户不只是一个个体,而是一个家庭的不同成员,智能家电的设计还应考虑他们的不同需求和偏好,进行综合考虑。

智能家居的核心问题就是要解决消费者的日常需求问题。智能家居从"概念"到"落地"的过程中,需要实实在在的技术创新,也需要更多深入的用户研究,落实到用户日常家庭的生活需要,真正为用户解决痛点和问题。这样,智能家居才不是"噱头",而是消费者会买单的刚需产品。

插图作者：王静

饮水机向您发出一条好友申请

物联网(Internet of Things,IoT)的概念在 1991 年一经提出,便获得巨大关注。顾名思义,物联网就是物物相连的互联网。随着人工智能技术的推进,我们身边的"物"正在变得越来越聪明。物与人之间、物与物之间协调配合,需要有效的沟通、组织和管理。它们之间会发展出哪些交互的新模式呢?

目前我们仍依赖于遥控器、控制面板等设备与物交互。物联网的建立需要更加自由、整合性更强的交互方式,使用手机会是一个不错的选择。

2011 年,爱立信公司的用户体验实验室提出了"社交物联网"(Social Website of Things,SWoT) 的概念。每个设备拥有一个社交网络的账号,在社交网络上与其他人和物展开互动。为了探索这一理念在中国的可能推行情况,2015 年,《国际人机学杂志》一个研究团队探索中国人与物之间的交互关系、中国人对物联网概念的理解及对社交物联网的接受程度并展开了三个阶段的研究。

在第一阶段,探索了人与物的关系,采用了图片日志(photo diary)的调研方法,邀请 14 位不同背景的北京人参加。在两周的时间里,被试对象被要求根据手册回答 26 个小问题,问题涉及他们对待自己身边物品的态度、情感和与物的关系。回答问题需要他们拍摄相应的照片,并配以文字说明。两周时间结束后,针对他们的回答进行访谈。调研的过程中有不少有趣的发现,例如大家觉得美的东西通常是装饰品或与文化相关的物品,没有人提到任何高科技产品是美的。而大家对于旧物的评价普遍偏向负面,认为有机会就应该淘汰和更新。只有两位被试对象提到了和旧物的感情联结。当被要求尝试将物人格化,很多人提到谦虚、谨慎等美德,并将其赋予一些科技程度不高的物品。

最后,中国人对物的态度可以大致总结为四个方面:①购买物品,主要从实用角度出发;②与物的关系,风险规避;③人与物存在层级关系,人为主导;④与物的情感联结不高。

在第二阶段,邀请了被试对象来体验一个简单的"社交物联网"的系统——物品网。被试对象需要在系统中完成几个小任务,并就使用感受发表看法。"物品网"就像我们熟悉的社交软件一样,只是好友中出现了家里的电器,它们会像人类一样向你发送申请,发送消息。大多数被试对象最初听到这个概念都很感兴趣,但实际使用之后,产生了一些疑惑和不适。大多数被试对象不愿意邀请家庭成员以外的人加入这一社交网络。大多数被试对象认为物的智能程度不宜太高,即便这需要他们付出更多的成本去沟通和操控。被试对象们不喜欢物在未经自己允许的情况下和第三方联系(例如饮水机坏了就自己联系修理工),因为这会使人失去对物的掌控感。

针对第二阶段的发现,研究者对最初的设计进行了修改和完善,进行了第三阶段的研究。整个网络被限制在家庭的范围内,避免外人打搅;只保留实用的功能,增加了一个控制面板方便操控;网络中的所有物都被设定成了智能程度不太高、性情温和的角色,以满足用户的掌控感。之后邀请七位被试对象对改进后的系统进行评估,总体反馈十分满意。

　　在这个研究中发现,无论是"物联网"还是"社交物联网"的概念,离人们现实生活都还有一点距离。文化的影响也使得中国人对待物与科技的态度有着自己的特点。人因学的科学研究方法可以对这种全新的交互模式进行评估和设计。了解用户、把握用户的诉求是做好设计的核心,也是人工智能等科技能否真的服务好人类的关键。

购买智能电视，你更看重哪些功能？

　　世界上的第一台电视诞生于 20 世纪 20 年代，作为 20 世纪最伟大的发明之一，电视深刻地改变和影响了人们的生活。进入 21 世纪，在互联网浪潮的冲击下，智能产品如雨后春笋般涌现，智能手机市场已成为一片红海。随着虚拟现实（virtual reality，VR）和增强现实（augmented reality，AR）技术的发展，大屏娱乐成为人们关注的焦点。电视作为家庭的娱乐中心，也得到了前所未有的发展。

　　在 2017 年中国家电及消费电子博览会上，有数十家知名电视厂商参展。各大厂商秀出了自己在显示技术上的新突破，其中有三星的 QLED 光质量子点电视、海信的天玑系列 ULED 电视和 4K 激光电视、LG 的超薄"壁纸"电视、小米的无边框电视、极米的无屏电视、创维的增强现实电视等。

　　那么，究竟是哪些因素会影响智能电视的用户体验和接受程度呢？早在 2014 年，在智能电视的市场还不如当前火热时，国际人机交互大会（International Conference on Cross-Cultural Design）的一项研究就围绕着这一问题进行了探索。研究团队主要考察了三类因素：一是个人因素,例如用户过去与智能设备的交互经验、用户创新性等;二是社会因素,例如社会影响等;三是产品因素,例如产品质量、相对优势等。通过问卷的方式进行了用户调研,245名用户贡献了他们的宝贵意见。研究团队统计了用户的个人信息,了解其智能产品的使用经验,并且调查了可能会影响用户对智能电视接受程度的因素,验证了三类因素对用户使用智能电视接受度的影响模型,此外还有以下发现:

首先,智能电视需要提供多种功能,其中影像功能比其他功能更重要。对中国的智能电视厂商来说,为用户提供丰富的网络视频选择最重要,因为这是增加用户购买欲望的第一要素。电视游戏、在线购物等其他功能不如影像功能重要。这一发现也与过去几年智能电视市场的发展相吻合,这一点主要体现在两方面:一是显示技术,量子点电视、OLED电视、激光电视、HDR电视等都在不断突破,目的都是为了给用户带来更出色的视觉体验、更完美的观影感受;二是显示内容,小米电视4系列依靠深度学习,不断学习用户的观看习惯,并据此对视频内容进行分类,缩短用户的找片时间。在内容的广度上,有大量的第三方电视APP可以选择,有效实现了内容的扩充。

其次,对于目前两种形式的智能电视——嵌入式智能电视和电视盒子,尽管二者功能类似,但是影响它们接受程度的因素并不相同。价格上的差异导致用户对二者的期望和要求不同,电视盒子的价位在百元级,通常都在500元以内,而嵌入式智能电视的价格远高于此。因此,用户对嵌入式智能电视的要求也更高——除了影像功能,其他附加功能也同样重要,简言之,要物有所值。

最后，将智能电视的功能分为影像功能和非影像功能，影响二者的感知有用性的因素不同。喜欢使用智能手机和智能手环的用户、喜欢和家人一起看视频的用户，可能会更看重影像功能。而乐于尝试新鲜事物的用户，则更看重其他附加功能。

因此，电视厂商在专注于提升视觉体验时，也兼顾了其他方面。例如海信提出的"个性化、人性化、融合化"——除了满足用户最基本的视频需求外，同样重视其他的功能需求，包括教育、游戏、购物等多个核心功能。如此一来，为不同的用户提供不同的选择，满足多类用户的多种需求。

过去几年，电视盒子的普及速度与程度远远超过嵌入式智能电视，显然，二者具有截然不同的优势。出色的嵌入式智能电视可以为用户带来视听盛宴，这对于对观影有较高追求的用户来说无疑是一个好选择，但是高品质也意味着高价格，而价格恰是电视盒子的优势，不愿意更换电视的家庭购买一个电视盒子同样可以获取网络资源。好的画质和音响效果固然会带来好的观影体验，但是这足以让用户为其买单吗？毕竟一个嵌入式智能电视的价格等于几十甚至上百个电视盒子的价格呢。另外，大部分家庭对于电视的观影体验是否真的有那么高的追求呢？有时候可能内容更重要。

参考文献

[1] Yu G, Rau P L P, Sun N, et al. To Save or Not to Save? Let Me Help You Out: Persuasive Effects of Smart Agent in Promoting Energy Conservation [C]// International Conference on Cross-Cultural Design. Springer, Cham, 2016: 808-815.

[2] Han C H, Yang C L, Wang H C. Supporting second language reading with picture note-taking [C]//CHI'14 Extended Abstracts on Human Factors in Computing Systems. ACM, 2014: 2245-2250.

[3] Yang R, Newman M W. Living with an intelligent thermostat: advanced control for heating and cooling systems [C]//Proceedings of the 2012 ACM Conference on Ubiquitous Computing. ACM, 2012: 1102-1107.

[4] Rau P L P, Gong Y, Dai Y B, et al. Promote energy conservation in automatic environment control: A comfort-energy trade-off perspective [C]//Proceedings of the 33rd Annual ACM Conference Extended Abstracts on Human Factors in Computing Systems. ACM, 2015: 1501-1506.

[5] Rau P L P, Li Y, Liu J. Effects of a social robot's autonomy and group orientation on human decision-making [J]. Advances in Human-Computer Interaction, 2013: 11.

[6] Rau P L P, Li Y, Li D. Effects of communication style and culture on ability to accept recommendations from robots [J]. Computers in Human Behavior, 2009, 25(2): 587-595.

[7] Wang L, Rau P L P, Evers V, et al. When in Rome: the role of culture & context in adherence to robot recommendations [C]//Proceedings of the 5th ACM/IEEE International Conference on Human-robot interaction. IEEE Press, 2010: 359-366.

[8] Rau P L P, Gong Y, Huang H J, et al. A Systematic Study for Smart Residential Thermostats: User Needs for the Input, Output, and Intelligence Level [J]. Buildings, 2016, 6(2): 19.

[9] Rau P L P, Huang E, Mao M, et al. Exploring interactive style and user experience design for social web of things of Chinese users: A case study in Beijing [J].

International Journal of Human-Computer Studies,2015,80: 24-35.

[10] Kellogg W A, Carroll J M, Richards J T. Making reality a cyberspace[C]// Cyberspace, MIT Press,1991: 411-430.

[11] Formo J,Laaksolahti J,Gårdman M. Internet of things marries social media[C]// Proceedings of the 13th International Conference on Human Computer Interaction with Mobile Devices and Services. ACM,2011: 753-755.

[12] Tao Y, Chang J, Rau P L P. When China Encounters Smart TV: Exploring Factors Influencing the User Adoption in China[C]//International Conference on Cross-Cultural Design. Springer,Cham,2014: 696-706.